国家自然科学基金项目：基于地域功能理论的中小尺度功能空间组织机理研究（41301119）
江苏省高校优势学科建设工程资助项目

功能区划

在中小尺度空间规划中的应用

陶岸君 · 著

东南大学出版社
SOUTHEAST UNIVERSITY PRESS
· 南京 ·

内容提要

为解决我国在快速城市化过程中造成的空间无序开发以及区域发展失衡问题，我国开展了主体功能区规划并付诸实施，以主体功能区规划为核心推动国土空间规划“多规合一”，并通过国家行政机构改革为空间规划“多规合一”提供了体制保障。其中，中小尺度地域功能空间组织是当前落实主体功能区战略、促进区域协调发展、支撑市县层级国土规划“多规合一”的重要途径。

本书以解决中小尺度空间规划所面临的关键理论和技术问题为目标，总结了全国主体功能区规划工作在大尺度功能空间组织的相关理论创新和技术方法，从地域功能的空间尺度转换问题入手揭示地域功能格局的时空变异规律以及中小尺度功能空间的形成演化的机制，开发了中小尺度功能区划分的技术方法，并在典型地区开展了空间规划“多规合一”实践，针对市县层级空间规划的整合提出相关政策建议。

图书在版编目(CIP)数据

功能区划在中小尺度空间规划中的应用 / 陶岸君著.
南京：东南大学出版社，2018.9
ISBN 978-7-5641-7991-5

Ⅰ. ①功… Ⅱ. ①陶… Ⅲ. ①城市规划-空间规划
Ⅳ. ①TU984.11

中国版本图书馆 CIP 数据核字(2018)第 209534 号

功能区划在中小尺度空间规划中的应用
著　　者　陶岸君

出版发行　东南大学出版社
社　　址　南京市四牌楼 2 号　邮编：210096
出 版 人　江建中
责任编辑　丁　丁
编辑邮箱　d.d.00@163.com
网　　址　http://www.seupress.com
电子邮箱　press@seupress.com
经　　销　全国各地新华书店
印　　刷　南京玉河印刷厂
版　　次　2018 年 9 月第 1 版
印　　次　2018 年 9 月第 1 次印刷
开　　本　787 mm×1 092 mm　1/16
印　　张　黑白 6.25　彩色 5
字　　数　202 千
书　　号　ISBN　978-7-5641-7991-5
定　　价　58.00 元

本社图书若有印装质量问题，请直接与营销部联系。电话(传真)：025-83791830

前 言

近年来，提高空间规划的协调性、构建高效的空间规划体系一直是我国空间规划领域中一项重要的发展目标。究其原因，一方面是由于我国过去在区域发展过程中长期偏重发展计划而忽略空间布局规划，继而在快速城市化的背景下出现了严重的区域发展失衡问题；另一方面则是由于各级各类空间规划均由不同部门来主导，彼此之间缺乏整合，导致空间规划系统难以科学地调配空间资源。长期以来，我国各层级、各部门空间规划彼此之间不相衔接、相互冲突的现象已经引起了社会各界的广泛重视。为了建构更加科学合理的国家规划体系，学术界和城市规划管理部门在很多方面付出了大量的努力和探索。一方面，通过编制主体功能区规划和实施主体功能区战略填补了我国规划体系中在大尺度国土空间规划方面的空白；另一方面，大力推进了空间规划管理体制机制改革，逐步为空间规划“多规合一”扫清了体制机制障碍。可以说，在宏观和顶层设计层面，我国的空间规划体系已经初具雏形。但在市县层面的基层空间规划工作中，各类矛盾冲突却更加错综复杂。由于市县的空间尺度介于宏观和微观之间，既是区域发展的基础单元，又是基层城镇的上位架构，因此在市县层面能够集中折射出空间规划不相协调的三大表现，即上下层规划不协调、部门间规划不协调和区域间规划不协调。推动中小尺度空间规划的“多规合一”，对于健全和完善空间规划体系、实现空间布局规划全面协同具有重要意义。

“多规合一”的核心是规划方案的“合一”，而在规划方案的整合过程中，功能分区是极其关键的环节。笔者在中国科学院地理科学与资源研究所攻读硕士、博士学位期间，曾经全面参与全国主体功能区规划和若干省级主体功能区规划的理论研究、方法设计、方案集成和规划起草工作。在这四五年的研究工作过程中，笔者深入体会到功能分区作为空间规划中最重要的调控手段之一，在空间规划“多规合一”过程中所发挥的无法替代的作用。之前我国空间规划的实践已经证明了功能分区方案的不衔接是导致空间规划不协调的重要原因，因此在主体功能区规划中，功能分区方案（也就是主体功能区划）自然成为了规划方案的核心内容。在研制主体功能区划方案的过程中，笔者所在的研究团队就功能区空间组织机理、功能分区技术方法和区划方案综合集成等方面开展了大量的基础研究，这也成为本书写作的重要基础。

结束了在中科院地理所的研究经历后，笔者投身城乡规划领域。根据过去在宏观尺度空间规划中所积累的研究成果，笔者认为功能分区仍然是解开中小尺度空间规划“多规合一”问题的关键。在当前市县层级空间规划的实践中，空间功能分区方案的不衔接仍是造成“规划打架”问题的主要因素。这种不相衔接的现象主要表现在两个方面：一是由于上下层级空间分区在指导思想、区划尺度、分类体系和技术路线上都存在较大差异，使得基层规划通过空间分区形成的土地利用格局与上位规划确定的功能区格局相脱节，其空间结构也与上位规划的指标调控要求不尽符合；二是由于基层各项空间规划缺乏顶层设计，造成不同的空间规划对于同一规划对象的规划结果各不相同，各自的空间区划方案相冲突。因此，要在县域层级全面整合各级各类空间规划，就是要使上下层级规划相衔接、部门间和区域间的规划相协调。在这个过程中，作为核心调控手段的空间功能分区具有非常关键的作用。因此，空间功能分区可以成为市县层级空间规划“多规合一”的一个突破口，要实现空间规划方案的协调，必须在功能分区这个环节将各级各类空间规划整合在一起。为此，笔者进一步针对中小尺度功能空间组织的相关机理和区划方法开展了深入研究，并通过多个案例区的规划实践对研究成果进行了应用和示范。

本书将笔者近年来在中小尺度功能分区和空间规划“多规合一”方面开展的相关研究成果进行了总结。全书共分为7章，分为两个部分。第一部分（第1～3章）主要介绍中小尺度功能分区的理论基础。其中第1章在阐释功能分区在空间规划中的重要性的同时，引入了中小尺度功能空间组织研究的相关理论和研究基础；第2章总结了笔者在宏观尺度功能空间组织研究方面取得的相关成果，并将相关的理论和框架拓展到了中小尺度空间；第3章结合笔者在全国尺度开展的相关研究，揭示了我国地域功能空间结构的主要态势以及县域内部功能空间的组合形式。第二部分(第4～7章)主要介绍中小尺度功能分区的技术方法及其在空间规划中的应用实践。其中第4章介绍了中小尺度功能分区的工作框架和技术路线;第5章介绍了功能分区各个环节的具体工作方法;第6章和第7章结合笔者在两个典型县域的案例研究介绍了功能分区在中小尺度空间规划“多规合一”中的应用实践。

必须说明的是,功能分区和空间规划相关研究工作是我国近年来区域发展研究领域的重要研究方向,相关研究成果集中了大量科研人员的智慧,绝非笔者一人的独立成就。比如笔者关于地域功能空间组织机理方面所阐述的相关理论,均系在中科院地理所樊杰研究员所领衔的学术团队的工作学习过程中所总结的,虽然研究工作有个人分工,但也从整个团队共同讨论交流的研究氛围中汲取了大量的智慧;笔者后期在东南大学就中小尺度功能分区方面所研究出的理论和方法,相当一部分也受到了过去研究经历的启发。在此,我要衷心感谢我的恩师、中国科学院地理科学与资源研究所樊杰研究员在我十余年从事相关领域科研过程中对我无微不至的指导和帮助,并对本书的写作也进行了耐心的指点和建议。与此同时,由于笔者研究能力有限,本书可能存在不少疏漏或者谬误,敬请有关人士予以批评指正,以便今后改进和完善。

陶岸君

2018年6月于南京

目 录

1 绪论

随着我国城市化进程的加快，空间规划作为协调空间发展失衡问题、配置调节空间资源、促进区域协调发展的手段作用变得更加显著。在此背景下，我国正将完善国家空间规划体系、优化国土空间开发格局作为推动城乡一体化建设、促进区域可持续发展的重要手段。在“十二五”“十三五”期间，我国通过实施主体功能区战略、编制区域规划、中央国家机关机构改革等手段已经逐步建立起国家空间规划体系的顶层设计，并且在国家和省级层面已经全面开展了大尺度空间规划的相关研究和工作。与此同时，市县层级的空间规划作为落实大尺度空间规划、统筹城乡发展、引导城乡空间规划“多规合一”的核心环节，成为当前空间规划研究和实践的重点。

要通过空间规划实现市县层级国土空间的科学管制，其核心科学问题实际上是中小尺度功能空间组织问题。长期以来，我国在空间规划实践研究中已经发展起来一套相对完整的功能空间组织理论体系，其主体是以地域功能理论为核心的空间组织理论和以综合功能区划为核心的空间组织方法。这一理论体系已经在包括主体功能区规划在内的大尺度空间规划中发挥了重要作用，得到了实践的检验。而对于中小尺度的功能空间组织，地域功能理论和综合功能区划方法一方面仍将起到极大的理论支撑作用，另一方面也必须在尺度转换过程中进一步发展，以适应中小尺度更加复杂的地域空间结构、更加剧烈的空间格局变迁以及更加具体的规划实践工作的需要。

本书写作的目的,就是在国家建构国家空间规划体系的政策背景下,以提升中小尺度空间规划科学性为目的,以空间功能分区为主要切入点,综合运用城乡规划学、地理学、经济学、生态学、环境科学的相关理论基础,针对我国城乡空间发展的规律特点和面临的实际问题,创新中小尺度功能空间组织的理论和方法,使得功能区划成为促进城乡和区域空间协调发展、促进市县层级空间规划多规合一的重要手段。

1.1 中小尺度功能空间组织的研究背景

1.1.1 空间发展失衡的客观问题

自改革开放之后,我国的国民经济和社会各项事业已经经历了近 40 年的高速发展,取得了整体国力显著增强、现代化进程持续推进的巨大成就。但是进入 21 世纪以后,日益暴露出的空间发展失衡问题使得我国开展地域空间规划的客观需求空前突出。当前,我国空间发展的失衡现象主要体现在三大问题上,即区域发展差距不断扩大、盲目城镇化和空间的无序开发,并由此导致了生态环境的恶化、资源压力的加大、社会矛盾愈演愈烈、经济运行和城市化质量不高等后果,区域发展的健康性受到普遍质疑。

在我国目前面临的全局性空间发展失衡问题中,中小尺度的空间开发失序是根本性原因之一。市县是我国区域发展的主力军,是推动城市化和工业化发展的核心力量,但在过去以 GDP 为核心的区域发展业绩考核指导体系下,各地区都把做大 GDP 作为中心工作,忽视了当地的自然条件而盲目开发建设,其中尤以市县一级表现得最为突出。据第二次全国土地调查统计,2009 年我国有 175 个市县的开发强度高于 15%,已经达到或超过发达国家已发育成熟的大城市群地区的开发强度水平;而经历了持续大规模的国土开发之后,我国有 78%的市县按照建设用地计算的地均 GDP 产出不足世界平均水平,51.2%的市县出现环境容量超载现象。这说明过去我国中小尺度空间的区域发展普遍存在国土开发效率不高、透支资源环境承载能力的问题。

造成上述问题的根源在于忽视了资源环境基础、区域差异性以及经济规律对于市县区域发展的约束性作用，从而未能找到科学的空间管制理论和技术方法。而从功能的视角入手，以地域功能的形成演变规律作为基础理论来指导市县层级的空间管制，有望揭示市县经济增长、国土空间结构和区域资源环境基础之间的互动规律，并以此为基础开发出以功能区划分为核心的中小尺度空间管制方法。因此本研究所做出的探索对于促进中小尺度的区域协调发展具有重要的现实意义。

1.1.2 国家空间规划体系的客观需求

在这样的背景下，我国出台了一系列区域发展战略，旨在建立国家空间规划体系，实现国土空间的可持续发展。最早在 2005 年 10 月通过的“十一五”规划(纲要)中就已经将“推进形成主体功能区”作为重要区域发展战略，提出将国土空间划分为优化开发、重点开发、限制开发和禁止开发四类主体功能区，按照主体功能定位调整完善区域政策和绩效评价，规范空间开发秩序，形成合理的空间开发结构。此后，国务院出台了《国务院关于编制全国主体功能区规划的意见》(国发〔2007〕21 号)，对主体功能区规划的编制工作进行了全面的部署。在“十二五”规划中则已经明确将实施主体功能区战略提升到国家战略高度，提到要“按照全国经济合理布局的要求，规范开发秩序，控制开发强度，形成高效、协调、可持续的国土空间开发格局”，并按照四类主体功能区的划分引导各地区严格按照主体功能定位推进发展。而在 2010 年 12 月 21 日，国务院发布了《国务院关于印发全国主体功能区规划的通知》(国发〔2010〕46 号)，正式颁布了《全国主体功能区规划》。这部规划不仅构建了我国国土空间开发格局的布局总图，也成为各地区协调区域发展的行动指南。因此，编制和实施主体功能区规划、推进形成主体功能区已成为我国区域发展领域的重大战略部署。

《全国主体功能区规划》的颁布实施标志了我国开始建立统一的国家空间规划体系。该规划中要求各省要根据全国主体功能区规划的要求编制省级主体功能区规划，并且“通过市县功能区划分落实主体功能定位和开发强度的要求”，建立起涵盖“国家—省—市县”三个层级的空间规划序列。在“十三五”规划中，写入了“强化主体功能区作为国土空间开发保护基础制度的作用，加快完善主体功能区政策体系，推动各地区依据主体功能定位发展”，而在中共十九大报告中则提出要“完善主体功能区配套政策”，这都标志着主体功能区战略已经由筹划、规划进入实施阶段。

国家主体功能区战略的实现，不仅要依靠国家和省级主体功能区规划的实施，还有赖于基层的落实、相关规划的协调以及国家空间规划体系的建立。随着主体功能区规划的颁布，各市县都具有了主体功能定位，那么如何根据主体功能定位来确定市县内部的功能空间结构、如何通过市县国土空间的塑造来反映主体功能就成了亟须解决的课题。2018 年我国在国家机构改革中成立了自然资源部，作为空间规划的统一管理部门，标志着我国空间规划将全面实现"多规合一"，中小尺度的空间组织问题将由市县层级的空间规划工作来实现。因此，与主体功能区战略相结合开展中小尺度功能空间组织研究，进一步完善市县层级功能区划分的理论与技术方法体系，不仅有利于国家主体功能区战略的落实，还能够为促进空间规划"多规合一"起到积极作用，为国家空间规划体系的完善提供科学理论支撑。

1.1.3 区域发展研究的客观趋势

功能空间组织和功能区的划分是人地关系地域系统的科学识别、科学表达和科学调控的重要方式，与经济地理学和区域发展研究有着紧密的关系。包括地域功能区划在内的一系列国土空间规划工作，为地理学和区域发展研究提供了新的载体，对其理论和方法论基础的研究，已经成为地理学重要的前沿领域。

在应用研究层面，空间功能分区同样是城乡规划学重要的研究热点。目前，中东部地区的不少市县已经启动了以对接主体功能区规划为目标的市县层级功能区划分工作，但在实际划分中也遭遇了诸多难题。由于我国地域辽阔，市县之间的发展基础、地理条件和资源禀赋相差悬殊，四类主体功能无法全面体现各地区的功能空间特色，因此在功能区划分工作中，对于国土空间评价的技术方法、功能区分类体系、区划技术路线以及国土开发指标的分配等问题都亟须理论和技术的创新，上述科学问题的解决对于主体功能区战略能否落实起到十分关键的作用。与此同时，我国在市县层级与空间有关联的规划种类繁多，长期以来各部门规划因彼此之间相互冲突而造成的规划执行力不强的问题十分突出。随着主体功能区战略的实施，在市县层面实现空间规划"多规合一"已经成为落实国家区域发展战略的保障，而以功能管制为核心，建立与城市规划、土地利用规划等部门规划相对接、协调的功能区划分体系是一个切实可行的思路，这在已经开展的实践中已经得到逐步证明。

1.2 地域功能组织的相关概念

前文提到,中小尺度功能空间组织的科学基础是地域功能理论和综合功能区划方法,它们共同构成了地域功能组织研究的主体。而地域功能空间组织研究的根本,在于清晰的辨析地域功能区划的概念。在今日之地域功能研究中,仍有多个相关的概念之间存在含混不清的现象。其中最主要的包括两类:一是不清楚功能区划与其他各种区划之间的区别,二是不清楚地域功能与各种单要素功能(如城市功能、农业功能、生态功能等)之间的区别。这样的概念不清容易直接导致研究偏离方向,也会造成区划方法运用的不当。

对于地域功能区划相关概念的理解出现偏差的主要原因,在于“地域功能区划”是一个新生的学术名词。这一概念提出于中文的学术语境中,且从其见诸学术文献以来不过区区十余年,因此不同学者对于地域功能区划产生不同的理解是十分正常的。然而地域功能区划并非是一门独创的学问,它的内涵以及围绕它所展开的研究却是几百年来地理学的经典命题,这其中包含两条研究主线。一是关于要素与地域空间的结合方式与机制的研究,它孕育了在经济地理学科中处于核心地位的空间结构理论,这正是地域功能区划的理论基础;二是根据地域的差异性划分成不同区域的各种尝试,它经过不断完善形成了地理学中最常用、最有效的一种研究手段,也就是区划。可以说“地域功能区划”就是在这些理论基础和技术方法之上,根据新时期区域发展的需要而进行的创新。

1.2.1 地域功能的概念和特性

“功能”是一种系统学的概念。功能是系统的一个组成部分,如生态系统就包含多种多样的生态系统功能;功能通过若干元素发挥作用,如“水源涵养”是生态系统的一个功能,但是该功能必须附着于系统中的一部分来实现,如某一个发挥“水源涵养”功能的湿地生态区域。所以“功能”是系统中各元素所发挥的“角色”,也是元素之间产生相互关系的媒介。

那么对于“地域功能”研究来说,它所对应的“系统”或是“功能总体”就是“地域系统”。地域系统是地球表层包括人类活动在内的各类要素按照一定秩序所组织起来的相互联系、相互作用的系统，吴传钧将其称之为“人地关系地域系统”，提出了“人地关系地域系统以地球表层一定地域为基础”的经典论述(吴传钧,1991)。

地域功能曾被总结出具有五大属性，即主观认知、多样构成、相互作用、空间变异和时间演变(樊杰,2007)。这五大属性有的体现的是所有功能及其系统本身的结构特征，如多样构成、相互作用等；有的体现的则是地域功能由于反映了地域系统的特殊性从而具备的属性。因此，地域功能之所以具备特殊的属性，是由于其对应的系统也就是地域系统本身的特性。不同于经济功能、生态功能、农业功能等在地理学中已经被广泛研究，“地域功能”不仅是一个新的术语，而且“地域系统”本身也比经济、社会、生态等单要素系统层次更高且更加复杂，因此从地域系统的元素、边界和环境出发，我们也可以找到属于地域功能自身的特有属性，而这些特性恰恰是地域功能与单要素功能的重要区别。

1. 地域功能是综合性的功能

地域系统的元素与各个单要素系统的元素存在一定的共同性，如果仅论元素的个体本身，无论是地域系统还是其他系统都是以区域为单元，但是每个单元的属性必然包括不同的涵义，综合性便是地域系统元素的最大特性。因此作为地域系统的功能，地域功能必然也是综合性的，这也是它与单要素功能相比所体现出的最大区别。

2. 地域功能是控制性的功能

相对于单要素系统来说，地域系统的边界很明显是扩大了，但这种扩大并不是空间意义上的，而是层次上的。因此根据系统的定义，地域系统其实就是各个单要素系统的“环境”。而环境则可以改变功能的外部条件，通过这一层联系，对于单要素功能来说，地域功能可以发挥“环境”的角色，不仅影响单要素功能，某种意义上还可以控制单要素的功能。例如一片坡田可以具备生态意义上的土壤保持功能，以及农业意义上的粮食生产功能，甚至还可能具有城镇体系中的聚落功能，但我们不能说它的地域功能是上述三种功能(甚至更多的)之和，也不能说其中某一种功能就是它的地域功能，而需要一种更高层次的功能来“控制”这些功能。所以地域功能绝不是单要素功能的叠加或复合，它的类别和含义是根据地域系统的运行机制而决定的。虽然地域功能与单要素功能存在一定的联系，但是任何一种单要素功能都不是地域功能。

3. 地域功能是动态性的功能

地域系统尽管已经综合性很高、内涵很广，但作为一个存在边界的系统，它仍然受外部的环境所影响，地域功能也就处于这些环境的影响之下。如果探究一下地域系统的边界之外到底为何物，可以发现在地理学的研究范畴内，地域系统是不存在空间外部性的(其理论上的外部空间是地球内部、外层大气以及太空)，也就是说地域系统覆盖了“全部的空间”，这是由于地理学研究中的最大空间——地球表层已经完全包括在地域系统内，而地球表层在拓扑学意义上本身就是一个封闭的空间。那么地域系统的外部只有其他意义上的系统，包括实体的与非实体的。前者是与地表空间存有相互作用的各种圈层，后者则是地理学之外的其他研究领域，这些都是地域系统的“环境”。由于地域系统不存在空间外部性，地域系统的环境不存在随空间变化的可能，只可能随时间变化。受这样的环境影响，地域功能及其作用机制也是在时间上动态变化的。但是这种“动态性”的意义不仅仅是地域功能会随时间变化，而是它只随时间变化——包括发展阶段的改变、人类认识的改变等。

1.2.2 区划和地域功能区划

区划是地理学研究的一项基本工作，地理学发现问题、明确问题、分析形成问题的过程等，有很多是通过区划而求得解决的(吴传钧，1981)。实际上，区划的内涵极其丰富，种类也十分繁多。各种区划往往由于拥有共同的内涵，从而发展成为地理学研究中一种经典而有效的研究范式；同时不同的区划工作又因为某些内涵上的差异，而分化为不同的种类，地域功能区划就是其中的一种。我们对地域功能区划进行研究，则首先应当了解区划的各种内涵，以及地域功能区划与其他区划的异同。

1. 地理学中的区划

区划工作以地表空间各种要素的空间分异规律为指导，根据区域发展的统一性、区域空间的完整性和区域发展要素的一致性，逐级划分或合并地域单元。可以说，在地理学中区划的概念是明晰的。如果进一步探讨，上述字句只是一个直观的表述，而从方法论的角度，区划可以认为有两层含义：

(1) 分类的含义。分类的工作是在要素和属性之间寻求一种顺序性或一贯性，根据所追求的这种顺序性或一贯性创造出类别，并按照一定的逻辑规则将要素归入这些类别。分类的方法基础是数学语言，具有强烈的科学性和逻辑性。

(2) 分区的含义。分区的工作则是对区域的划分，其寻求的是一种空间上的一致性。从这个角度上说，分区的方法基础是几何语言。它具有经验性，因为空间的概念及其描述语言根本就是从经验中抽象并建构起来的。

区划正是分类和分区的结合，比如抛开了空间属性，从实质上看它是一种分类，而表象上它又是一种分区。而它们的结合很难做到天衣无缝，因为在实践上两者会存在冲突。从而在将它们结合起来的过程中，我们会提出各种原则、导向和方法来使这种结合变得更加完美，或是更加符合我们的需要。而在这个过程中，不同区划之间的差异又会体现出来。

2. 区划的共同原则及把握尺度

传统的区划工作遵循五大原则(陈传康，1993)，它包括：

(1) 发生统一性原则。由于任何地域单元都是在历史发展过程中形成的，因此区划需要探讨区域分异产生的原因与过程，对于每一个区域单元来说，形成其整体特性的发展史应当作为区划依据。

(2) 相对一致性原则。即同一类型的地域单元必须具有内部特征的相对一致性，所谓相对一致性是指一致性的标准可以因区域单位的层级和尺度而有所区别。相对一致性原则适用于把高级地域单元划分为低级单位，同时又适用于把低级地域单元合并为高级单元(顾朝林等，2007)。

(3) 区域共轭性原则。这是指区划单元必须具有区域个体性和区域完整性，也就是所谓的共轭性。它要求地域单元在空间上不可重复，也不可彼此分离。

(4) 综合性原则。它对区划工作产生集成的要求，即区划时必须全面考虑构成地域单元的各组成要素和地域分异因素。

(5) 主导因素原则。即在综合分析的基础上查明某个具体地域单元形成和分异的主导因素(郑度等，2008)。

这五大原则基本可以看作是地理学中区划工作的共同原则，在各项重要区划成果中都得到了体现，并且也被认为在今后的区划工作中仍然应当被继承(刘燕华等，2005)。但是这些原则其实很难被完全的、等同的贯彻，如综合性原则和主导因素原则两者之间其实是一组对立的统一体，操作中仍取决于区划者的倾向。因此，这五大原则在把握上其实是灵活的。同时，在五大原则之外，还可以根据区划的目的和性质另行确定一些专用原则。

3. 区划工作在性质上的不同意义

在地理学研究中，区划在自然地理学中的运用相对较多。在过去取得的自然地理区划成果中可以总结出关于它的三种含义(郑度等，2008)，但该总结同样适用于包括人文地理学在内的所有地理学研究中的区划工作。这三种含义可以进一步引申为对区划在性质上的不同解读。

(1) 作为目的的区划

这种意义下,区划方案本身就是区划的目的,区划工作的全部就是为了得出区域划分的结果。通过这种区划,可以揭示地理现象与特征的地域分布规律,用以科学地认识地理现象。区划作为目的的存在,是区划的最初形式,它的需求来自地理学研究以认识和叙述为主要任务的年代。作为目的的区划是一种客观的描述,注重理论意义,它的直接贡献是为地理学提供了某种知识或某种学说,如自然区划就是一种目的性很强的区划。得出区划方案是区划工作最经典的用途,而今日地理学的研究已经超越了"描述"的范畴,仅仅把区划本身当作目的的研究往往很难再突破经典的命题,转而追求区划结果精确性与科学性的提高。

(2) 作为过程的区划

区划也可以看作是一种过程而不是结果。邓静中(1982)在谈及农业区划工作时认为:区划就是区域的划分,是一种手段、一种表现形式,生产力合理布局才是它的实质内容和目的。这又引出了一个新的理念,即区划应当有其服务对象。从地理学的应用角度看,区划根本应当是为经济建设和社会发展服务的(黄秉维,2003),那么区划的作用就从客观叙述拓展为带有一定理念、目标与规划性质的调控手段。作为一种过程,对区域的划分就应当为目标服务,而不仅仅是客观的对地理事物进行总结,其结果也要更加注重实用性,而不仅仅是理论上的正确性或自圆其说。农业区划、国土综合区划,乃至我们所说的地域功能区划,都有着强烈的"过程"意义,这些区划都不只是为了一纸方案,而都是一直以优化国民经济和社会发展的空间布局为目标,并在类型划分、指标选择、方案形成等各个过程中都体现着对这一目标的追求。

(3) 作为方法论的区划

区划是地理学研究的经典方法。它可以既不作为目的也不作为过程,而作为认识地理特征和发现地理规律的一种科学方法运用于研究中。从这个角度上看,区划是从区域角度观察和研究地域综合体,探讨区域单元的形成发展、分异组合、划分合并和相互联系,是对过程和类型综合研究的概括与总结(郑度等,2005)。在这一层面上,地理学的大量研究中都使用了区划的方法或蕴含着区划的思想,并从这一意义出发,衍生出地理学中的区域研究。

4. 区划工作的类型

区划类型多种多样。最早的区划多来自自然地理学,往往被称为自然区划。之后按照区划要素的不同,又分为土壤区划、气候区划、植被区划等。当区划突破自然地理学领域之后,又出现了农业区划、生态区划、经济区划等等,但它们无一例外都是以区划要素来区分。实际上,各种区划要素的地理分布规律是不同的，因此区划首先会从内涵上就产生差异。我们试从几个角度来区分不同类型的区划。

(1) 部门区划与综合区划

这其实也是基于要素的一种分类。部门区划其实是单要素的区划，如上文所说的土壤区划、气候区划、植被区划等；而综合区划则是多要素的，对象是地域综合体(郑度等，2008)。事实上，地理学的研究对象是地球表层各种自然现象、人文现象组合在一起的复杂巨系统(郑度和陈述彭，2001)，因此从系统的角度上看，部门区划以面向要素为主，而综合区划不仅是要素的增加，还需要更多的关注要素间的相互作用。

部门区划可以看作是作为目的的规划，区划方案是它的表现形式。同时在成果上，部门区划往往更容易被信服，因为要素越简单，同一类型内部的一致性就越清晰，因此区划成果就更容易被人接受。同时，部门区划也经过了几百年的发展，无论是区划方法、事实积累以及对一些现象的讨论都很成熟，因此一些重要的部门区划已经在地理学中占据了经典的地位，成为一种地理知识。

从发展历程上看，部门区划是早期地理学的主要研究内容。随着地理学研究从描述地理现象转为探寻地理现象的内在规律和作用机制，以及对人类经济社会发展提供服务之后，产生了对综合区划的需求。综合区划的出现要晚于部门区划，这也正体现出综合区划在工作上的要求是较高的。一方面由于要素的增加，区域内部的复杂性更明显，因此区划过程中对于一致性原则把握的难度提高。另一方面，要素间的相互作用作为当今地球系统科学的主要研究对象，很多难题都没有定论，准确地把握地域综合体的空间分异难度较大。正是由于如此，综合区划的发展历程也是由简单到复杂，首先是子系统的综合，如综合自然区划、生态区划等，接着逐渐纳入人类社会经济系统的部分要素，产生了诸如农业区划之类的以自然系统为主而服务于人类生产的综合区划，今后综合区划的发展方向则是以自然、人文为一体的地球表层系统为对象的全面的综合区划。

(2) 类型区划与区域区划

郑度等(1997，75-76)曾依据区划所采用的方法不同，将自然地理区划分为类型区划和区域区划。他认为类型区划侧重于对每种类型进行定性描述和指标确定(阈值)，形成不同的种类；而区域区划则是根据一定目的和要求，将相似性的地理信息单元合并，将差异性较大的信息单元分开，从而将整个区域划分成不同子区(郑度等，2008)。其实，这种区别不仅存在于自然区划，对于所有区划都适用。它反映的是先前所提到的区划的两种方法论含义：分类与分区。

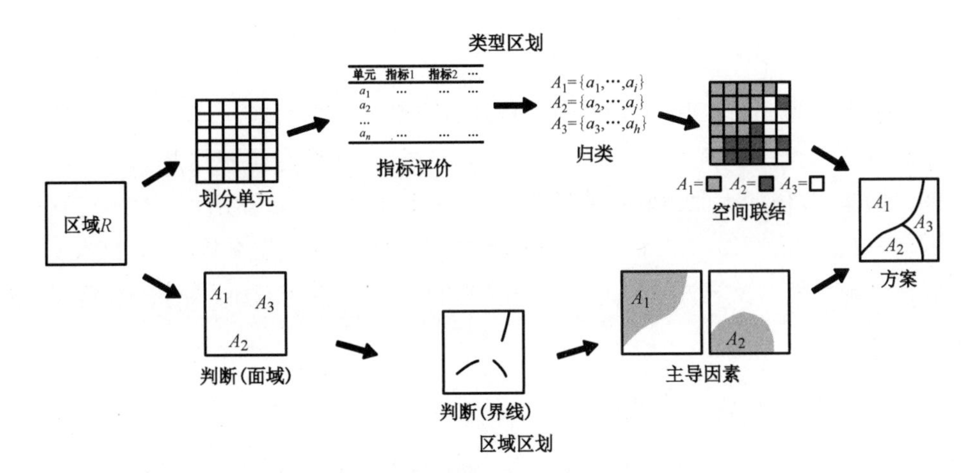

图 1.1 类型区划和区域区划的工作路径

我们可以从工作方法上完全区分这两类区划。如果我们事先设计好区划所需要考察的指标,并且从各个地域单元通过观测等手段收集到这些数据,之后从理论上看便完全可以抛开区域或者空间,剩下的工作便基本可以归结为数学问题,这就是类型区划。而如果我们基于对区划对象空间分异的判断,无论是基于经验的,还是通过考察、测量等手段获得的,直接在地图上进行区域划分,这就是区域区划。实际上,按照上述工作路径进行的纯粹的类型区划和区域区划都是不存在的,因为它往往导致一些违背区划原则的结果。比如全然不顾空间的类型区划会造成区划结果在空间上过于零碎,不符合空间共轭性原则,而追求完美的空间不可重复性的区域区划又往往在内部一致性上出现一些误差。在现实工作中,两种区划都会在方法上进行一些完善,如类型区划在形成方案时对边界进行修正,以及在区域区划中进行主导因素分析等。因此这两种区划可以看作是一种思路上的区别,也有可能达到殊途同归的效果(图 1.1)。陈述彭(1990,250-275)也从方法论的角度认为类型区划和区域区划是可以相互转化的概念。

由于方法路径和侧重点的不同,类型区划和区域区划在表现形式上也有差异。黄秉维(1959)认为区域区划的每一单位在地域上是相邻的,具有空间不可重复性;而类型区划的每一单位允许相互隔离,空间上可以重复。任美锷等进一步认为区域区划的各级单位应该都有地区名称,以表明它们的明显的个体性和空间的不重复性(任美锷,杨纫章,1961)。在两种区划的作用上,黄秉维(1965a)认为类型区划便于求同和比较,可以较准确地定出分类指标，较严格地划出一致的地域；区域区划则便于辨异和表达区域单元的独特性。

从现有的成果来看，大量经典的规划工作都是区域区划，不仅包括自然地理领域的世界大自然区域划分、美国地文区划、中国综合自然区划（黄秉维，1965b）等，也包括其他领域的中国综合农业区划（周立三，1981b）、中国生态区划（傅伯杰等，2001a）。与此同时，类型区划主要出现在应用领域，尤其是人文经济地理领域以及规划领域，包括德国空间规划以及正在进行的中国主体功能区划。

5. 地域功能区划的内涵

地域功能区划是区划的一种，与过去的区划工作也确有一脉相承之处，但它之所以能在今天对合理安排区域发展的空间布局起到至关重要的作用，还在于它所具有的特殊内涵，这个特殊内涵来自区划与地域功能的结合。

从系统和功能的角度来看，区域系统的功能是以附着于区域的某一个部分的形式存在的，这样就形成了一个个承载功能的地域单元，可以称之为功能区。因此，将一个区域按照功能区进行划分，这样的区划就是功能区划。根据这个定义我们也可以把区划分为两类，如农业区划、生态区划就有较为强烈的功能区划意味，而诸如土壤区划、气候区划、植被区划甚至是自然区划，都不该被算作是功能区划。

所谓地域功能区划，直接的理解就是按照地域功能对区域进行划分。地域功能指的是地域单元在地域系统中所发挥的作用，地域功能区划的特殊意义也正是在于其功能总体是地球表层空间最高层、最综合的系统，因此地域功能区划与前文提到的综合区划有一定的相似之处。强调要素之间的相互作用是地域功能区划与综合区划的共同点。自 20 世纪 80 年代以来，我国科学界对于开展综合区划工作的呼声十分强烈，这里的综合区划就具备地域功能区划的含义。但是综合区划并不强调从系统的角度对功能进行划分，因此不能完全将综合区划与地域功能区划等同，地域功能区划不仅强调要素的综合和相互作用，还要求区划工作中的分类和分区都要从系统的角度出发。

6. 地域功能区划的特性

地域功能区划是一个具有很强特殊性的区划工作，由于这种特殊性的存在，我们不能照搬传统区划理论的一些原则和方法，而要根据地域功能区划的自身要求进行调整。我们可以总结出关于地域功能区划的以下特性。

(1) 集成重于评价

按照部门区划和综合区划的划分，地域功能区划首先是一种综合区划，它涵盖几乎所有的地理学中研究的要素，同时还需要把握要素之间的相互作用。地域功能区划的这种属性决定了它的工作内容以集成为主。

首先，对自然、生态、经济、社会等地表空间的各种活动进行充分把握是地域功能区划的基础，而受研究领域的限制，要对如此多的部门知识进行深入的掌握是极其困难的，遑论对各要素进行精确的评价。另一方面，作为综合区划的地域功能区划工作并不排斥部门区划以及部门研究的成果，对于各单要素在地表空间的分布规律研究完全可以采纳已有的研究成果或借助更专业的研究力量。对于地域功能区划的核心工作来说，完全可以不必将精力重复地投入到单要素的评价，而是注重研究要素的组合方式、组合结构和相互作用，以及对评价结果的选择与处理。

其次，地域功能区划虽是综合区划，但绝不是将部门区划简单组合。前文已提到，任何一种单要素的功能都不是地域功能，因此地域功能不仅在表象上是独特的，在形成机理上也是独特的。正是这样，集成研究对于地域功能区划更加重要。地域功能区划必须在把握地域系统中的要素匹配、要素相互作用和要素耦合的基础上，深入探讨地域功能的形成机理，并根据功能形成机理来判断地域空间所呈现出的顺序性与一贯性。所以说，地域功能区划的集成研究不仅是综合的视角，还是系统的视角。从这个角度上看，区划中的“发生统一性原则”是地域功能区划的核心原则，甚至比综合性原则还重要，是五大原则中最需要被强化的。

再次，在地域功能区划中，相比于评价的精确性，综合集成的方法创新更加重要。在进入20世纪之前，地理学的区划工作长期处在对现象的描述上，准确性和科学性是判断区划成果的主要依据。在技术革命以后，地理学研究中对“精准”的要求已经不再成为制约区划的主要因素，而对内在机理的揭示和运用则成为提高区划科学性的关键。过去的区划工作中，往往在最后的集成环节方法相对简单、原始，对于科学语言的运用上相对欠缺，尤其是数学的语言(面向数量)、几何的语言(面向空间)以及概率的语言(面向或然性)，这些都是地域功能区划的主要研究目标。当然，在地域功能区划中，过去区划工作中对于评价的准确性依然应该被不懈追求，但更重要的是填补地域功能形成机理的理论空白，并以此来指导区划。

(2) 空间结构更复杂

可以想见，要素越简单，空间格局越明晰。而地域功能区划可以算作是要素最多、组合最复杂的区划工作，这些要素不同的分布规律客观上将地域空间分割得更加零碎。前面提到，区划需要遵循空间共轭性原则，这一原则在地域功能区划中很难被彻底贯彻。区划工作中，地域单元的划分取决于空间的差异性与相似性，而由于要素综合型的增加，地域功能的构成是多样化的，因此区划中对于相似性和差异性的把握需要更加灵活和弹性。更重要的是，地域功能的确定更与人为的目标追求和价值取向有关，有着人为主观认知的属性，同时功能表达和功能区划也同样受到人为作用的影响（Fan and Li，2009），从而如何判断地域空间在功能上的“异”和“同”不仅取决于一些客观的分析，还依赖于主观的判断。因此，地域系统中一些基本的功能往往是岛状分布的（如大都市区），具备同一类型地域功能的地域空间往往会分散分布。这样的现象正是地域功能区划的独特之处，不仅存在，而且十分普遍。它要求对区域进行划分时无法过分追求区域的个体性和完整性，因此传统的区域共轭性原则是允许被打破的。从另外的角度上说，在地域功能区划中采用区域区划的路径难度较大，它从各方面来看更像是类型区划。

另外，区划中的相对一致性原则在地域功能区划中更加重要。更确切地说，重要的是“相对”的概念。由于要素间复杂的相互作用和空间分布的复杂性，空间尺度和空间结构对于地域功能的识别具有显著的作用，因此划分一个功能地域单元不能机械地恪守“一致性”原则，而要综合地域功能的形成与空间分异的基本规律，灵活地选择合适的、有科学意义的、解释度高的一致性标准，以寻求地域单元内部的相对一致性。

（3）主观调控性质强

描述现象、解释现象和调控现象是留待地理学进行解答的三大问题。地域功能区划不仅需要超越传统区划以描述现象为主的目标导向而注重机理的研究，同样应该探寻如何通过区划这个手段来实现调控地理现象的目标。在现阶段看，这样的目标有及其迫切的现实需求，也就是提高国土空间开发的有序性。地域功能区划的目标应该不仅仅是刻画地域功能的空间分异格局（作为目标的规划），而更要成为一个指导地域功能有序分布的布局总图（作为手段的区划），促进形成未来合理高效的地域功能空间格局。为了实现这样的目标，地域功能区划需要对时间序列特别关注，在功能识别和区域划分的时候要将系统外部环境的动态性变化纳入考虑，发现地域功能在种类上、分布上、内涵上和发生上可能出现的变化。同时，我们还需要承认人的意愿和价值判断对于未来地域功能格局的形成是具备作用能力的，因此主观因素要与区划工作有机地结合起来，这样的地域功能区划就具备了一定的规划性，方才能够在调控地理现象的目标下成为有用的区划。

1.3 地域功能空间组织和功能区划的相关研究进展

长期以来，地理学中关于地域功能及其空间组织的理论和方法已经逐渐完善，并通过在较大尺度空间规划中的应用得到了进一步的发展；与此同时，中小尺度的空间管制工作长期以来被当作是基层规划的外延，工作方法受工程学范式影响较深，科学层面的探讨较少。随着城市化和区域一体化的快速推进，中小尺度的功能空间组织逐渐被纳入区域发展集成研究的范畴，因此支撑这项工作的主要理论还是来源于地理学。从研究现状看，大尺度功能区空间组织的相关理论方法已经比较成熟，而其在中小尺度的延伸与发展则正处在起步与探索的阶段。

1.3.1 地域功能理论的构建

地域功能理论研究是识别功能空间、划分功能区的科学理论基础，在地理学中具有较为深厚的研究积累，主要从地域功能的内涵、地域功能的形成原因以及地域功能空间格局的演化机制等几个方面展开。

地域功能是用来阐述某一地区在人地关系地域系统中所承担的作用的一个概念，同样也是地理学用来认识区域与整体的一种方式。早在近代地理学发端的19世纪，欧洲著名地理学家如法国的白吕纳(Brunhes, 1920, 14-15)、德国的施吕特尔(Schlüter, O.)以及英国的里格利(Wrigley, E. A.)等就已经从区域差异以及系统整体的角度阐述了功能的思想(James, 1972, 251)，逐渐形成了地理学中的系统观和功能观，即系统是一个不可分的总体，区域和系统的关系就是整体与部分之间的功能关系，并由哈特向进行了归纳(Hartshorne, 1959)。

吴传钧对这样的认识论进行了定义，提出了“人地关系地域系统”的概念(吴传钧，1991)，樊杰进一步认为人地关系地域系统是最综合的地域表系统，包括自然系统和人文系统两个子系统(Fan et al, 2010)。针对区域在不同子系统中的作用，国内外学者分别就生态功能、景观功能、土地利用功能等开展了研究，樊杰(2007)则就综合的地域系统中功能的概念进行了阐释，与此同时还提出了地域功能所具有的五大属性。可见地域功能的思想由来已久，在20世纪80年代以来概念逐渐明晰，并且对其研究已从子系统功能开始，逐渐转入综合集成研究。

关于地域功能及其空间格局的形成与演化的机制，樊杰(2007)提出了空间均衡模型，认为地域的综合发展状态的人均水平值是趋于大体相等的(樊杰，2007)，即为空间均衡，空间均衡的过程也应该是主体功能区形成的过程，欲实现空间均衡便有两条根本途径：一为人口流动，一为实现综合发展水平的最大化。他将综合发展状态分为经济发展、社会发展、生态环境三类，综合发展水平是这三类发展状态的综合，因此可以出现(也必然出现)结构的差异。地区综合发展水平最大化的过程即以上三类发展状态结构的优化过程，也就是每一个目标地区发挥最适合自身的功能，而这就可以通过功能区划来实现。

空间均衡模型可以看作功能论在可持续发展领域的具体化以及实现途径，这一理论基础预示着地域功能区划必将呼唤方法论的创新。在划分主体功能区的过程中，中国相关学者涌现出高涨的热情探讨这些方法论问题，但由于规划工作的紧迫性，很多问题还没有研究成熟就不得不运用到工作中去。可以说刚刚完成的主体功能区划在某些方面没有体现以空间均衡模型为代表的一系列功能区划理论基础，而在方法论上的研究则为更不足。根据主体功能区划至今的进展，可以有机会审视各种应用中的方法论各自的成功与缺陷，以促进地域功能区划方法论的创新。

1.3.2　区划理论

作为地理学中重要的研究工作方法，区划是地域功能空间组织的重要手段，功能区的划分也是区划的一种。英国地理学家赫伯森的世界大自然区域划分开创地理学区划工作之先河(Herbertson, 1905)，之后基于不同要素的早期区划探索还包括美国芬内曼的地文区划(Fenneman, 1916)、英国弗勒的人文功能区划(Fleure, 1917)、俄国道库恰耶夫(Докучаев, B. B.)的自然地带区划以及切林采夫(Челинцев, A. H.)的欧洲农业区划等(James, 1972, 251)，而英国的昂斯特德(Unstead, 1916)和狄金森(Dickinson, 1969)则在区划工作的基础上就区划中的空间尺度转换问题、最小单元问题以及关于内部一致和无限可分的辩证关系给出了解释，并提出了各自的区划分级体系，推动了系统性区划理论的建立和完善。

在此影响下,我国地理学中的区划工作也在不断地发展。竺可桢 1929 年发表的《中国气候区划》是世界同时代几部重要的系统性区划成果之一。此后黄秉维在 1930 年代相继开展了植物区域、土壤区域和气候区域的划分,其中对区域的界线问题进行了专门的研究;而李旭旦的《中国地理区域划分》则是我国第一部自然—人文综合区划,并在该工作中创制了一种全新的区划方法——界线束法(李旭旦,1991)。新中国成立后,我国地理学界通过几项重大的区划工作进一步完善了区划的理论和技术方法,主要工作包括:

1. 综合自然区划

黄秉维自 1940 年发表了植被、土壤、气候三大部门自然区划之后,进行综合自然区划是势在必行的工作。这一工作于 1950 年以后大规模开展,大量的地理学者都提出了方案或对一些具体的问题进行了论述,代表性的有林超的《中国自然区划大纲》和《中国自然区域的界线问题》,最终仍以黄秉维于 1959 年提出的《中国综合自然区划》方案被普遍认可。1959 年的综合自然区划运用了三大方法,即叠置法、主导因素法和地理相关法,但并非机械的堆砌。黄秉维对这三大方法进行了评述。其中他认为叠置法从理论上能够客观而精确的帮助我们发现地理现象之间的联系,然而它对作为基础资料的各类分布图(数据)的要求非常高,不仅需要正确,还需要有共同的编制原则,并且即使是完美的基础资料,叠置法也只能是辅助性的,如果形式地、机械地运用叠置法,有时会根本得不到任何结果,甚至得到错误的结果;对于主导因素法,他认为最重要的除了主导因素的选择之外,拟定区域界线的标志的确定也同等重要,标志可以是一个也可以是多个,但无论如何要以体现地域综合体之间的限制差异作为最根本的原则。他认为三种方法从根本上是为了把握地域综合体的分异,而其中的差别是次要的,关键是正确的运用(黄秉维,1962)。

黄秉维在综合自然区划中对很多其他方法论问题也有精辟的见解。包括关于发生学原理的运用,他指出追溯历史过程必须认清所追溯的事件对今天的地域综合体的意义,如果没有明显的意义则根本没有必要去追溯;又如区划结果与传统概念的关系,他认为传统认识中有谬误的地方,区划结果如果是科学的、有用的,可以不拘泥于传统,当然符合实际的传统概念应该在区划中受到尊重和继承;他还提到区域的连续性问题,此前的地理区划绝大多数都是连续区域,他认为同一类区域、地带出现在不连续的地域是必然的,随着区划综合性的提高,否认非连续区域的存在是行不通的。

1959 年的综合自然区划是中国在该领域最成熟、水平最高的工作,不仅一直沿用到现在，并且黄秉维就区划方法论的诸多见解是十分正确、超前的，敏锐地捕捉到了地理区划工作可能出现的新的发展，从今日来看其价值不仅是借鉴意义，同时可以说是具有指导性的。

2. 综合农业区划

农业区划是中国部门区划中最重要的区划之一。虽然纯粹的农业区划是部门区划，然而如在苏联、美国等国家出现的情况一样，农业区划往往是迈向综合区划的第一步。其受制于自然地域综合体的分异，又以实现各类生产功能为目标，因此农业区域的形成，无疑是自然条件和社会经济条件共同作用的结果。对于区划方法论来说，农业区划同样也是一个挑战。中国从 20 世纪 50 年代以后开始准备进行农业区划，其间有多位学者提出了方案，又以 1981 年周立三所做的《中国综合农业区划》最为被接纳。在该区划中，将全国划分为 10 个一级农业区和 38 个二级农业区，并分区详细论述了各区农业生产发展方向和建设途径。

周立三在早期对农业区域的形成进行过深入的研究，他清楚地认识到农业是最广泛的社会生产活动，今天呈现在我们面前的农业的地域分异，却并非由自然环境所决定的(周立三，1964)。他认为农业区的形成除了自然环境以外，生产水平、需求市场以及社会生产的配置(计划)都是重要的因素。他考察了生产水平提高、供需关系调整、国家拓荒运动、城市发展以及耕作条件退化等对农业区域的影响，认为中国存在稳定的农业区、改变较大的农业区、新形成的农业区和停滞的农业区等 4 类农业区。而今后的农业区域格局还将随需求状况、资源开发程度、生产力和计划等因素而演变。农业区划必须认识到农业区域形成的过程以及今后的演变，并引导社会农业生产的合理分工，因此它必然不同于自然区的划分，由于生产力配置的变化速度比自然条件的变化要快得多，仅仅对现状的描述是不够的，必须有对远景的预示，因此农业区域不会是固定的。

1981 年的区划工作综合了农业自然条件分析与社会经济分析，在社会经济分析中，纳入了人口、劳动力资源、农业技术装备情况、工业、交通运输情况以及距离市场的远近等因子，通过大规模的调查工作取得这些方面的基础资料。他认为面对自然系统和经济系统交织在一起的综合体，绝不可凭借任何单要素来解析任何问题，必须对上述各因子进行系统分析；在综合的过程中，重视对具体区域和问题的分析，对于难以把握的地区和问题要逐一对比、论证。由于牵涉的因素多样而复杂，最终方案是由小区域逐级归并形成的，在归并的过程中同时尽量顾及到了各地生活传统、民族习惯、行政区划完整性等，保证了区划的可用性。

3. 国土开发整治区划

中国自1970年代开始逐渐认识到环境问题的严重性。特别是经济改革之后,计划经济体制瓦解,开发行为十分繁荣,经济成长过程中的环境和资源问题已经初露端倪。与此同时,旧有的集权式的计划行为以不可能实施,政府尝试逐渐建立起现代的空间管治体系以替代,因此自1981年提出国土开发整治的任务。国土开发整治是中国第一个以可持续发展为目标的空间管治行为,具体内容包括资源的合理利用、大规模改造自然工程的论证、建设布局、基础设施布局和环境治理,实质上看,是对开发行为和保育行为进行的规划行为。

国土规划仅从经济生产部门入手是无用的,必须与地域相结合。吴传钧认为区划是必需的工作,因此需要划分国土开发整治区。他同时认为,国土整治的内容不仅限于地区经济发展和协调,还要反映利用和改造自然、治理环境、保护生态等方面的内容,需要从这些方面来设计区划的体系。他提出了国土区划的分类和分区体系,并且确定了国土开发整治区的划分原则,即①在自然、社会、经济条件方面都比较一致,或者说都具有一定程度的类似性;②在国土资源开发利用上有其共同的特点;③在改造大自然和环境综合治理方面有其突出的要害问题;④要适当照顾一定级别行政区划的完整性。他认为(1984):

> 国土区划不是现状规划,而是远景规划,因此划分国土开发整治不能单纯迁就生产建设的现状,也不能仅考虑纪元2000年的事,而要对21世纪全国各地区的资源开发、生产布局、经济发展可能出现的重大变化有所估计,因此要综合处理开发与整治的关系、部门与区域的关系、自然环境的地域差异与行政区划的关系、沿海与内地的关系、重点与一般的关系、经济中心与内地的关系等。

这些论述对于今日的地域功能区划亦十分有价值,只因综合区划越是随着时代的发展而越体现出鲜明的目的性,他很好的解答了如何在区划中实现这些目的。

国土整治规划随后在几个省份和一些重点地区开展了,但由于种种原因没有推广到全国,一定程度上也是因经验不足所致,然而仍可视为综合区划的先声。

此外,2001年进行的中国生态区划工作则体现了现代研究手段和技术方法在区划工作中的大量应用(傅伯杰等,2001a)。在这些工作的基础上,陈传康、郑度、刘燕华等就区划的性质、原则、尺度、意义和类型展开了深入的总结，以这些研究为核心基本形成了我国区划工作的理论体系框架。

1.3.3 功能区空间组织研究

随着协调区域发展的重大现实需求越来越迫切，地域功能理论与传统的区划工作结合起来，逐渐出现针对功能区空间组织的研究。东西方发达国家自20世纪中叶以来陆续开展的国土空间规划工作，不仅大规模应用了功能区空间组织的思想，也推动了相关理论与方法的研究。德国空间规划工作中开发了一套包含多种分析方法的系统的国土空间评价方法，通过全面评估国土的空间结构、空间发展趋势和可持续性来指导各种功能在国土空间上的布局，此外在欧盟、荷兰、法国的国土空间规划工作中利用大量的基础研究分别就实现差异化区域开发、功能划分、促进国土均衡性的手段展开了探索。

樊杰等在借鉴国外经验的基础上，根据我国区域发展的实际问题和主体功能区战略的现实需求，开展了针对我国的国土空间评价，通过涉及经济发展、资源环境基础和生态保护的10个指标刻画了各地区的国土空间特征，并利用多种技术手段开发出一套划分主体功能区的技术路线；陈田、徐勇、金凤君、戴尔阜、徐卫华等则分别从人口、土地、交通、生态、环境等角度阐释了不同因子影响我国功能空间结构的机制，开发了各单项指标评价的技术方法。之后，结合我国各地区的空间发展特征，樊杰等开发了用于在省级层面进行国土空间评价和划分功能区的技术方法，而韩增林(2011)、王利(2010)、包晓雯(2008)等则针对这一套方法在各省的实践效果进行了评价。总的来看，我国近年来已经逐渐形成了系统的功能区空间组织理论和方法，并引起了学术界的广泛关注，但其中值得讨论和拓展的问题还有很多，应用于实践的案例还较少，且主要用于解决省级以上较大尺度的功能空间组织问题。

1.3.4 中小尺度功能划分研究

西方发达国家由于建立起了完整的国家规划体系，所以在编制国家空间规划的同时，往往基层的空间规划研究也在同步发展，比如荷兰和法国在省一级层面所开展的国土规划工作便与我国在中小尺度需要开展的空间管制规划工作有很多相通之处。

我国从 20 世纪 90 年代起就逐渐有学者开始研究市县层面的功能分区问题，甚至早于主体功能区战略的提出。这一时期的相关研究分为两条主线。第一部分研究是基于城乡总体规划和土地利用规划的拓展，将城乡土地利用功能分类的思路扩大到区域层面，注重功能分类是这部分研究的特色，如王潜(2007)等基于生态控制功能的分类、谢高地等(2009)将生态系统服务与社会经济发展相结合的功能分类、李传武等(2009)的空间开发功能分类以及曲晓晨等(2008)基于土地利用功能的分类等。而另一部分研究则是延续大尺度功能区划分的理念与方法，将其应用于市县层级，或对大尺度功能区的进一步细分，往往更加注重功能分区。陈雯(2004,2006)、段学军(2006)等基于空间开发的目标取向和功能适宜性，开发出一套以矩阵评判法为基础的空间功能分区方法，最先是运用于苏皖两省的沿江岸线功能划分，之后又在泰州、苏州、宿迁等市域范围取得了较好的应用效果；顾朝林(2007)运用主体功能区的理念在盐城开展空间功能区划的研究中，全面梳理了地理学中区划的原则和各种方法，综合运用地理学中经济区划的思想以及控制分区、潜力评价等手段得出了区划方案；陆玉麒(2007)则开发了适合于空间发展类型区划分的信息系统，并运用 GIS 手段完成了仪征市的空间发展类型区划，丰富了功能区划分的技术手段。

以上述研究为代表的相关研究虽然运用了主体功能区的思想，但由于开展于主体功能区规划公布之前，因此与国家的主体功能区战略仍然存在或多或少的偏差，对接性不够强。主体功能区规划颁布一年多来，针对市县既定的主体功能定位以及国家对市县层级功能划分的要求而开展的研究较少，如王传胜等(2010)则针对优化开发县域内部的功能区划问题，发展了国土空间评价方法和区划方法，对上虞市进行了两级功能区划。

综上所述，国内外学者对于地域功能及其空间组织的研究已经达到了较为成熟的水平，形成了较为完善的理论框架，对地域功能形成与演化机制的理解也越来越透彻，划分功能区的手段和方法也日益丰富，但与此同时也存在一些问题。首先，地域功能的尺度转换问题始终没有得到很合理的阐释，造成了研究领域的真空；其次，虽然有种类繁多的中小尺度功能区划分的方法提出，但大多处在探索阶段，缺少对普适性规律的提炼，对于中小尺度下功能空间分异规律的研究就更少；第三，在市县层级功能区划研究中，不少研究者对于主体功能区思想的理解存在偏差，导致研究结果未必可以与主体功能区战略相配套。因此，在主体功能区的背景下利用地域功能理论开展中小尺度功能空间分异原理和区划方法的深入研究，将对推动我国地域功能研究体系的进一步深入大有裨益，对于解决市县层面优化功能结构所遇到的具体问题也大有帮助。

2 中小尺度功能空间的组织机理

功能区划是一项综合性的集成研究工作，要使区划方案更加清晰和正确地判断出地域功能在空间上的分异，区划的技术路径应当从系统的角度来设计。本章拟使用发生学的研究路径来解答上述问题。一切以地域功能还未形成之前的地球表层为原点，按照演绎—推导并以事实加以佐证的方式来探究地表各种自然、人文过程对功能的塑造过程，从而揭示地域功能格局的形成机理。最后按照这一机理来确定地域功能区划的目标，并设计它的技术路线。

2.1 地域功能的形成及其结构

地域功能的形成是自然生态的本底功能和人类活动的需求功能复合的产物。一方面，自然生态系统以及其生态过程形成并维持了人类赖以生存的自然环境条件，对人类活动产生了不可或缺的效用，形成了自然生态的本底功能；另一方面，人类根据自己的需求，对自然生态的本底功能进行变更，使之成为适应人类社会经济活动需要的新的功能，这些功能满足了人类生产、生活的需要。自然生态的本底功能和人类活动的需求功能相叠加，形成了实际的地域功能。

2.1.1 地表的自然—人文过程及其功能

要解答地域功能的形成，应当从其功能总体也就是地域系统入手。依照地理学对于地域系统的理解，它的核心应该是人地关系，因此地域系统的结构应该包括自然和人文两大系统。前者从地球系统科学的经典解释来看，广义的自然系统是地球的五大圈层：岩石圈、土壤圈、水圈、大气圈和生物圈，但作为我们所说的地域系统的一部分，应当仅包括上述五大圈层的交互界面，即地球表层。后者则由人类的经济、社会以及其他所有活动构成。在自然和人文两大系统中出现了各自的功能，而综合的地域功能则可以看作是自然和人文两类功能相互叠加、作用的结果。

1. 自然生态的本底功能

自然生态系统的概念是不难理解的，但对于自然生态系统的功能界定是存有争论的。争论的焦点在于如何看待人类及其活动在自然生态系统中的作用。从地理学的视角上看，我们所处的世界是按照以人类为中心的逻辑结构进行建构的，那么自然生态系统因为人类的需要才有意义；否则该系统仅仅是存在而已，而没有意义。因此，我们谈论自然生态系统的功能，均是指它对人类活动直接或间接发生作用的一面。

按照上述“立场”，我们看待自然生态系统的功能意义在于它与人类的密切联系。自然生态系统以及其生态过程形成并维持了人类赖以生存的自然环境条件，对人类活动产生了不可或缺的效用(Norman et al, 1996)，这就是自然生态的本底功能(简称自然功能)。为了更好地体现自然生态对于人类的意义，自然生态系统的功能通过生态系统服务的方式进行作用。正是由于生态系统服务的存在，自然生态才能产生并维持了良好的生活环境，这就是自然生态系统的功能意义。自然生态系统的本底功能具有客观性和依赖性的双重属性。

客观性。所谓客观性是指自然生态系统通过提供生态系统服务来发挥功能的行为不需要依赖于评价主体的客观存在(傅伯杰等，2001b)。虽然生态系统的一切服务功能都是因为人类才有意义，但是实际上早在人类出现之前，自然生态系统的能量循环、物质循环、气候调节等各种过程均已经在运行。无论人类存在与否、进行怎样的活动，生态系统仍然按照自身的生态过程和规律提供生态产品。只是人类出现之后，才“意识到”这些过程具有服务功能，并赋予它相应的属性。与此同时，自然生态本底功能的客观性还体现在该功能所具有的强烈的自然属性。它意味着这些功能只可以由自然生态系统来提供，任何其他系统都无法替代，哪怕是人工生态系统也是如此。

依赖性。所谓依赖性具有两方面的含义。一方面是指生态系统服务功能的价值、效用是依靠人类的需求而确定的。没有人类活动，自然生态系统所提供的服务则是没有意义的，对于生态系统服务功能的衡量完全取决于人类能从其中获得的益处。另一方面，生态系统服务功能受到人类社会经济系统的影响，当然这种影响并不是对等的，毋宁说是人类社会经济系统的不恰当的活动即有可能损害这种功能。因此，自然功能的依赖性意味着该功能效用的发挥有赖于人与自然的和谐相处。

康斯坦茨(Costanza et al, 1997)在总结前人研究成果的基础上，通过考察生态系统提供的服务将自然生态的本底功能归纳为 17 类。他同时指出，这些功能和生态系统服务之间并非一一对应，存在某种服务产生多种功能或某种功能有多种服务同时产生的现象。

进一步分析这 17 类自然功能，可以看出它们并非处在同一层面上。马斯洛认为人类的需要可以分为从低到高的五个层次，只有在低层次的需求满足的基础上才会追求高层次的需求。人类对与自然生态系统的需求其实也有这样的层次分别。如果试图按照人类生产生活活动的需求对自然功能进行分级，则可以分为四个等级，也构成一个类似金字塔状的结构(图 2.1)。最底层的是自然生态的基本功能，如能量和物质循环、土壤形成、传粉等。没有这些功能，自然生态系统就无以维系，因此这些功能为人类提供了存在于世界上的最基本的安全。其次是生产功能，这类功能提供了人类赖以生存的基础物质

图 2.1 基于需求的自然功能层次

条件，包括水、食物、纤维等。再次是环境调节功能，这类功能为人类的社会经济活动提供保障性的条件，如调节气候、净化空气、灾害改良等。最后是附加功能，它们有助于人类创造更高的价值，并提高人类的生活品质，如休闲娱乐、文化发展、科技进步等(表 2.1)。

表 2.1 自然生态的本底功能

层级	生态系统服务	功 能
基本功能	营养元素循环	贮存，内部循环，营养元素的加工和获取
	形成土壤	土壤形成过程
	传粉	花粉的传播
	生物控制	群落的营养动态调节
	避难所	迁徙群落的栖息地
生产功能	水供给	贮存和保有水资源
	食物供给	农业品中可提取作为食物的部分
	原材料供给	农业品中可提取作为原材料的部分
环境调节功能	大气调节	大气层化学成分的调节
	气候调节	全球温度调节、降水调节以及其他全球或局部尺度生物媒介的气候过程调节
	扰动调节	环境波动的生态响应：充放、阻尼和完善
	水分调节	水循环调节
	侵蚀控制和沉积物保持	生态系统的土壤保持
	污染物自净	营养物质流失恢复以及超载、变异营养元素及化合物的移除和分解
附加功能	基因库	珍惜生物资源和产品的源地
	娱乐	为娱乐活动提供机会
	文化	为非商业用途提供机会

2. 人类活动的利用功能

在当今世界，社会经济活动是人类文明的核心和根本动力。而究其根本，人类的社会经济活动需要通过改造自然、改变土地利用的根本属性才可以实现。在这个过程中，人类根据自己的需求，对自然生态的本底功能进行变更，使之成为适应人类活动需要的新的功能，简称为人文功能。人文功能的出现是地域系统形成的关键过程，人文功能叠加于自然功能之上，使得地球表层的功能格局变得更加复杂，也导致了地域功能的形成。

(1) 人文功能的类型

人文功能的表现形式或者说载体是土地利用，就如同自然功能的载体是生态系统服务一样。人类按照需要可以将地球表层改造成各种各样的土地利用景观，而在同一种利用类型的土地之上，人类又可以进行多种多样的不同活动。因此人文功能和土地利用类型之间的关系同样也不是一一对应的。我们可以按照人类的对于自然本底进行的改造行为对人文功能进行分类，本书就认为大约存在 7 种类型的人文功能(表 2.2)。同时，人类社会经济活动对于地域的需求是多种多样、层出不穷的，但这些功能同样并非是对等的关系，也有层次的区别。我们依然借用需求层次理论对人类活动对地域的需求进行分析，同样可以发现人类活动对地域的需求也有从较低到较高的先后层次。

表 2.2 人类活动的利用功能

需求层次	功能	对应的土地利用
生计	农业	水田、旱地、菜地、园地、牧草地……
↓	林业	人造林地、苗圃……
↓	矿业	采矿地、盐田……
生产	工业	独立工业用地、仓储用地……
↓	公共事业	港口和码头、机场、道路和公路、铁路、特殊用地……
↓	聚落	城镇、农村居民点、独立商业用地……
文化	娱乐休闲	公园绿地、风景区、人造绿色空间……
↓	……	……

大体上看，人类改造地球表层的活动基本上从满足较低层次的生计需求发展到满足较高层次的生产需求，在生产需求满足了之后还会追求更高层次的文化方面的需求。但是这些需求层次之间没有明显的界线。比如人类从自然界攫取物质、能量的行为基本上是为了满足人类生存所必需的饮食、安居等需求，属于生计的需求，如生产粮食、伐木等；而当所获取的物品足够生存之后，这些行为又可以为工业生产而服务，进入生产的层次。又如人类建造城市最初是为了使其在生产行为中起到支配作用，服务是为了生产的需要；但城市发展到一定层次之后，其功能不断的多样化和综合化，又衍生出作为社会交往、文化创造空间的存在，附加了人类更高层次的需求。因此我们只能大致地将人文功能按照需求层次进行一种排列，没有必要对它们进行精确

的分级。

(2) 人文功能的属性

从上文归纳出的几类人文功能来看，这些人类活动的基本利用功能具备如下几项重要的特征。

人工性。人文功能具有明显的非天然性，即自然生态系统的任何一个部分在未经过系统的改造和利用之前，无法实现上述任何一个功能。对于一些与自然本体迥异的景观如城市、工业区等这样的属性十分明显；而对于其他一些即便表面上与自然本底无异的景观，如森林公园、自然风景区等，它们其实也是经过了人为的设计、建设之后才开始发挥它们所承载的娱乐休闲功能。

依赖性。自然功能的依赖性指的是对人类社会经济活动的依赖，而人文功能的依赖性则恰恰是指它对自然生态的本底具有强烈的依赖。比较强烈的如农业生产对于气候、土壤、植被和水资源的依赖，以及休闲观光对于自然景观的质量的依赖等。相对依赖性小的功能如工业、公共事业和聚落等功能，但这些活动的地点同样受地形条件、地质条件、资源获取的便利度等限制。因此人类活动的一切功能都受自然本底的约束，在空间上无法任意布置。

可控性。如果视自然生态的本体功能为地球表层本身既存在的“初级功能”，人类活动的基本功能是附着于自然生态本底功能之上的“二次功能”。因此，人文功能不具备如自然功能那般的客观性。人类可以通过对自然本底进行一定的改造，在一定程度内按照自己的意愿安排这些功能，并且可以根据需要来改变这些功能。需要指出的是，人文功能的可控性其实是地域功能区划工作的重要基础，正因为人类可以在一定程度上控制人文功能，才使得人类对整个地域系统空间格局的调控成为可能。

2.1.2 自然功能和人文功能的复合

自然功能和人文功能在地球上存在的先后次序、分布方式和响应能力都有显著的差别，因此它们的复合绝不是类似两幅摄影胶片叠和在一起这样的简单过程，而充斥着彼此间的影响、争夺、排斥和融合。在这里，两种功能复合的复杂过程可以从时间和空间两个维度进行分析。

1. 自然—人文功能复合的历史过程

地理学研究中的历史起点是约 1 万年前，地质史上全新世的开端，那个时刻标志着地球系统中人类开始成为一个独特的要素，来支配其他的要素。自然生态系统的本底功能自那时随人类的出现而出现，形成了覆盖地表全部的自然功能格局，而人文功能远未出现（最原始、基本的人文功能即农业功能，基本公认出现在不早于距今大约 7 000 年的时期）。因此，在历史上自然功能先于人文功能出现，是一个对地域功能形成具有重要影响的事实。

之所以人文功能未能随自然功能一同出现，也是由于需求层次的不同造成的。人类甫一出现在世上，所有的需求无非是呼吸空气、获取食物、繁殖和寻求庇护所，这些需求自然功能完全可以提供。从早期人类的活动来看，狩猎、采集以及普通工具的利用，基本不存在改变地表土地利用事实的行为。因此人类可以完全依靠自然的供给维持生活，直到有一天这样的平衡被打破，人类才将改造自然的行为拓展到土地。关于农业的起源通常有两种观点。一种观点认为，由于人类种群的增加使得动物捕杀过度从而导致食物短缺，因此需要新的食物来源，出现了以驯化动植物为基础的农业行为（Boserup，1965）。另一种观点认为，随着人类社会的进步，对于食物的种类和品质要求更高，因此有了农业的需求（Hayden，1992）。无论哪种观点，其核心思想都是认为当原有的功能不再能满足人类日益增长的需要时，人类便会去创造新的功能。之后出现的各种类型的人文功能，均是在这样的背景下产生的。

可见，在地域功能的形成过程中，人文功能永远是后来者；并且每一种新的人文功能的出现，必然面对已经存在的自然或人文功能格局的基础。因此自然功能与人文功能的复合过程是一种单向的过程，即新的功能附加在旧的功能上，这个顺序无法逆转，抑或逆转起来难度极高。

2. 自然—人文功能复合的空间过程

既然自然功能的出现早于人文功能，且基本的人文功能的出现早于高级的人文功能，因此这些功能在复合的过程中不可避免地存在相互覆盖以及空间上的扩张、挤压和冲突。

除了少数不发挥自然功能的地区（如荒漠），基本上自然功能在人文功能出现之前就占据了地表的全部空间，这就是地域系统最原始的功能格局。其后每一种人文功能的出现，无一不面临一个已经完全被原先功能所占满的地域空间，每在一片土地上按照其需要附加新的功能，无不伴随着改变、削弱甚至是剥夺原有的功能。在这个过程中，我们又可以发现人文功能对自然功能的覆盖在空间上有两种趋势。

第一种是外延型。这类功能大多可以归纳为“一次生产”功能，即人类为了从自然界获取资源而对土地附加的新的功能，包括种植农业、畜牧业、林业、渔业、矿业等。这些功能与土地的生产力关系紧密，因此不可能在单位土地上无限制地提高这类功能的效益。当人类的需求大幅增加时，这些功能所覆盖的土地面积也不断扩张，其中以农地的扩张最为明显。自农业产生至今的6 000余年里（该时间没有定论），农地（耕地和多年生作物用地）的面积逐渐占据了地表陆地面积约11.5%。在20世纪70年代，也就是普遍认为是农地扩张的峰值期，世界农地的面积约为1 697万km^2，约占地球陆地面积的12.5%。

第二种是集聚型。相对于上一种类型，这类功能则可称之为“二次生产”功能，即人类对从自然界获取的资源进行利用从而产生价值而衍生出的新功能，最典型的即工业化和城市化。工业和城市的发展推动了人类近代化和现代化的进程，是近3个世纪来人类文明的一支主流。按照经济地理学以及城市规划科学的经典理论，集聚是工业区位和城市布局的重要特征，工业和城市的发展均是通过集聚的空间布局来实现产业和社会分工、降低生产交易成本、外部效益、管治、服务、交流等多种功能。从另一角度说，这些功能之所以可以集聚，是因为它们从单位土地上获取功能效益的能力大大提高（但并不是无限的）。因此从大尺度上来看，这类功能在地表的覆盖面积要小得多，尤其是当需求增长没有到达一个过分的程度时（如工业化最初的两百年），它们几乎是点状分布的。按照估算，2008年全球的城市用地面积约28万km^2，约占地球陆地面积的0.2%，而所有非农人工土地利用的面积约为城市面积的5～8倍。

虽然这两类人文功能在空间扩张上的尺度不同，但是近年来在空间上扩张最迅速的则是工业和城市功能，尤其是在工业化和城镇化快速发展的新兴国家，比如我国。工业和城镇的空间扩张大多数占用的是“一次生产空间”，即耕地和草地；与此同时，人口的扩张又导致对资源消耗的增大，从而使得农业等一次生产功能必须寻求新的空间，并再次挤占自然功能。即便如此，由于土地资源的稀缺性，这一类空间不可能无限增长，比如根据联合国粮农组织和美国农业部的测算结果，全球可耕地的上限是2 950万km^2（朱诚等，2003，291）。从世界尺度上看，自1990年至2005年的25年间，城市用地面积增长了67%，增加了7.2万km^2，耕地面积一度在1995年相应减少了5万km^2，之后逐年上升，总量较1990年相比还是增加的。而我国作为典型的新兴国家，25年间耕地持续减少，而城市用地增加了171%（表2.3）。2005年我国所有建设用地总共达到27万km^2，占全部国土空间的2.8%。

表 2.3　1990—2005 年期间世界以及我国的耕地和城市用地变化

年份	世界				中国			
	耕地		城市用地		耕地		城市用地	
	面积	比重	面积	比重	面积	比重	面积	比重
1990	1 383	10.29%	18.9	0.14%	133*	13.99%	1.30**	0.14%
1995	1 378	10.25%	21.4	0.16%	130**	13.67%	1.79***	0.19%
2000	1 369	10.18%	23.6	0.18%	128	13.46%	2.98	0.31%
2005	1 412	10.50%	26.1	0.19%	122	12.83%	3.61	0.38%

面积单位:万 km^2

资料来源:联合国粮农组织数据库,《国际统计年鉴》(1996,2001,2006),国土资源部土地利用详查(2000,2005)

注:* 由于详查数偏小,采用 1980 年代资源普查数;

** 国土资源部公报;

*** 按照城市用地规模弹性系数推算。

因此,自然功能和人文功能复合的空间过程可以分为以下三个阶段:第一阶段是自然功能随着人类的出现占据了地域系统的全部空间。它发生在现代人类出现至农业起源之前,约 1 万年前至公元前 5 世纪。第二阶段是农业等人文功能的出现并不断扩张,在空间上排斥压缩自然功能;城镇已经在人文功能的内部空间出现,但在空间上呈点状分布。它发生在工业革命前,约从公元前 5 世纪至 19 世纪。第三阶段最为剧烈,也最为复杂,就发生在工业革命至今的时期内。它的表现包括两方面:一方面是工业和城镇等功能快速扩张,不断地挤压原有的农业、牧业等一次生产空间。另一方面是受到供养人口的增加以及城镇建设空间挤压的双重压力下,一次生产空间继续向外扩张,进一步侵占自然功能空间;但是由于地球土地资源的限制,即将达到地表可用于一次生产功能的面积的极限(图 2.2)。

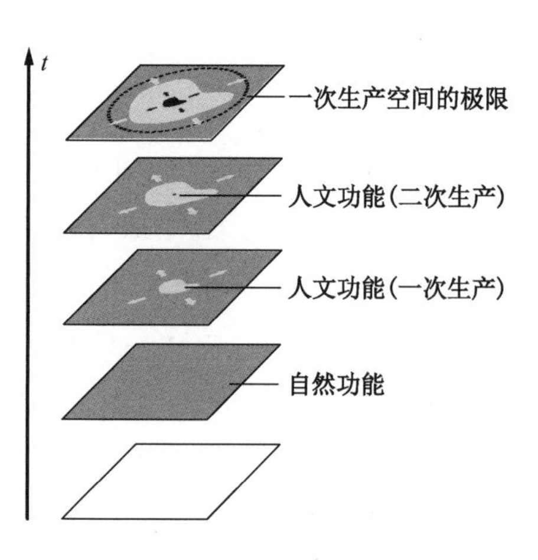

图 2.2　自然—人文功能复合的空间过程

2.1.3 地域功能的形成和分类

1. 自上而下的视角——地域系统中的功能

地域功能的构成要从地域系统中进行辨析，需要讨论的是其对地域系统的作用。在这个系统构架中，人类是核心，地域功能就是包含自然系统和人文系统在内的系统总体对人类的作用。把前文讨论的所有自然功能和人文功能放在一起，可以发现它们之间有的是重叠的，有的在内涵上过于接近。因此，当两种功能复合在一起之后，它们的效能进行了重新组织，这种重新组织包括以下几种过程。

(1) 功能合并

从自然、人文的子系统到地域系统综合体，逻辑层次提高了，因此一部分同类的功能由于彼此间有机结合，在地域系统中发挥的作用类似，因而组成功能统一体，不应当再被区别对待。比如自然功能中的所有基本功能对于人类来说的作用都是维持基本的生态安全架构，其中各种功能大多也是依赖于一个统一的生态系统来共同发挥，无法进行彼此区分，因此这些功能可以被合并。同样的在人文系统中也有类似的功能，比如工业、聚落和公共事业之间也存在重合的现象。

(2) 功能迁移

由于自然功能和人文功能在历史上的演进存在先后替代的规律，在空间上也有相互覆盖的过程，因此两者复合之后，某些既存在于自然系统又存在于人文系统中的功能会在其中一个系统中退化并在另一个系统中增强，最终只在一个系统中得到保存。功能迁移的一种表现形式是替代，比如自然系统和人文系统都有提供食物的功能，但自从农业出现以来，人类获取食物的方式变成了种植、驯化和养殖，而不再需要狩猎和采集，因此自然系统中提供食物的功能让位于人文系统中的农业功能。另一种表现形式是结合，如从森林中获取木材等原材料既是一种自然功能也是一种人文功能，只不过后者仅限于在人造林地中进行类似行为，而人造林地和天然林地在自然系统中的作用是类似的(虽然有区别)，因此人文功能中的林业功能可以被结合进自然功能中的原材料提供功能。功能迁移的方向既可以偏向自然功能也可以偏向于人文功能，取决于哪一种功能对于系统的效益更大。

功能的合并和迁移使得地域系统的功能构成变得简单和清晰，目前地域系统对于人类来说主要具有以下三大类作用：一是维护人类的生态安全；二是为人类提供生存和发展的一切资源；三是实现人类持续的、更进一步的经济社会发展。这三大作用同样也反映了人类需求层次的从低到高，原有的自然和人文功能都可以按照上述三大作用进行分类。而对于地域系统的每一个单元，它们能够在系统中承载怎样的功能也取决于其对于上述三大作用的贡献能力。

2. 自下而上的视角——土地利用与地域功能

地域系统的功能与地域单元的结合是系统内部必不可少的功能联系，探明地域系统功能格局的空间分异以及其与区域的结合方式是地域功能识别与区划的基础之一。有一个很清晰的事实便是自然功能和人文功能的复合结果是地表多种多样的土地利用类型。毫无疑问，土地利用与地域功能是密切相关的，以至于很多人想到地域功能便浮现出土地利用的概念。实际上土地利用是地域功能与地域单元结合的一种表象，它可以一定程度上反映地域功能的空间格局；反之，地域功能空间格局也能决定地表的土地利用。

地域功能是一系列土地利用的组合。这可以从两方面理解。一方面土地利用几乎是没有空间尺度的，比如一片耕地无论在地方尺度还是全球尺度它都是耕地；而地域功能是有尺度概念的，比如一片耕地在小尺度发挥农业功能，在大尺度上它的农业功能也许由于其周边一些更显赫的地域功能而被掩盖掉了。因此土地利用是地域功能的元素，它本身是恒定的，但是各种土地利用事实的组合方式和效果决定不同尺度地域功能的归属。另一方面，地域功能代表一个地域单元在地域系统中的作用，它隐含了一个地域单元应当是一个有机体的意义，一种地域功能的发挥需要多种土地利用方式才能实现。正因为这样，土地利用类型无疑要多于地域功能的类型。我国现行的土地利用分类体系包括 56 种类型，而在城市规划领域则更细致的划分为 73 种，地域功能的类型显然没有那么多。

根据这些描述，我们可以推论同一种土地利用可以导致不同的地域功能。它的表现有两种。一是由于与其他土地利用的组合方式的区别导致的，如一片草地在草原地区就可以发挥牧业的功能，但在沙漠地区或许就意味着防风固沙的功能。另一种是由于土地品质的不同导致的，比如达到一定要求的森林系统才能起到维护生物多样性的功能，而不是所有林地都有此功能。

因此，土地利用是形成地域功能的基本元素，同时也是最明显、最易获得以及相对最能体现地域功能分异的现象。在地域功能的识别和区划中，从土地利用情况出发做出判断是一个很有效的方法，即便土地利用是地域功能分异的产物而不是原因。

3. 基本地域功能的类型

综上所述，界定地域功能一方面要考虑其在地域系统中的作用，另一方面要考虑其与地域单元和土地利用的结合方式。地域功能可以分为较多的类型，同时根据区划目标的不同，分类体系也可以相应有所差异。但是综合考虑自然功能和人文功能复合的历史和空间过程、地域系统对人类的作用以及地表空间的土地利用特点，所有地域功能可以分为三类基本功能。

（1）生态功能

生态功能是指自然生态的本底功能经过数千年人类活动的影响、改造之后，仍被保留下来的原有的自然功能。它是地域系统中最古老、最基本的功能，是人类社会经济发展的安全保障和品质保障。生态功能可以按照自然系统所提供的主要生态服务的类型进行进一步的分类，也可以按照其重要性进行分级。

（2）农业功能

广义的农业功能是指人文功能在结合了自然功能之后能够为人类提供初级产品的功能，它是人类社会经济发展的物质保障。农业功能可以按照其所提供的产品进行分类，种植业（狭义的农业）和牧业是其中最重要的功能。

（3）发展功能

发展功能特指人文功能中的工业和城市发展功能，它包括产业意义上的第二产业、第三产业，是人类创造财富的最主要的来源，也是地域系统中目前最高级的功能。

上述三类基本地域功能反映了人类活动对地域系统的三种最主要的需求，同时也反映了地表空间最主要的土地利用格局。无论从概念内涵、发生机理、空间分布和作用类型来说彼此之间都差异明显。因此，本书接下来对地域功能的识别与区划的研究都将基于这一分类标准。

2.2 地域功能的空间组织

地域功能一定程度上包含了原有的自然和人文功能。由于功能之间存在着强烈的相互作用，在人类没有对其进行理性的管治之前，这些功能必定会因为不恰当的组合方式而产生扰动，不仅放大了自然生态的脆弱性、削弱了自然生态的恢复能力，而且也影响到人类生活和生产基本需求功能得到持续、有效和高质量的满足，使得地域功能的整体效益不高。因此，理性的空间管治行为，就是要将这些基本功能按照合理的数量和空间关系进行安排，塑造新的功能格局，也就是地域功能的空间格局，这就是地域功能区划的核心目标。

2.2.1 地域功能的空间分布规律

地域系统通过功能联系，将基本地域功能与系统中的元素结合起来，形成了功能空间。比利时地理学家米丘特认为，地球是由不同的块片组成的镶嵌图景。而由三大类基本地域功能组成的地表功能空间布局则不是类似的图案。我们把生态功能、农业功能和发展功能所占据的空间分别称作生态空间、农业空间和城市化空间，这三种空间的分布规律包括以下三个方面。

1. 数量规律

生态功能、农业功能和发展功能所占据的空间比例悬殊。总体上看，生态空间最大，农业空间其次，城市化空间最小；而在数量级上，陆地上生态空间约为农业空间的 5～10 倍，而农业空间又为城市化空间的 5～10 倍。

通过对全球以及一些典型国家的计算，可以发现该数量关系无论在历史上还是在地区之间基本都相对稳定，而局部地区可能差异较大。根据测算结果，全球陆地面积的 87％为生态空间，12％为农业空间，1％为城市化空间。其中，永久牧场由于缺失全球数据未被计入农业空间，实际上，在英国、德国、美国和巴西等中纬度国家，平均大约有 15％～25％的土地是永久牧场。我国由于地域辽阔、典型性高，测算结果与全世界接近。其他国家中，如美国和巴西这样地域辽阔的国家，其功能空间格局基本与我国和全球差异不大；德国和英国这样面积较小的发达国家则开发了较多的农地和城市用地，不同空间面积差别大约 2～3 倍；日本不仅面积狭小且平原很少，所以农业空间比例较小，城市化空间比例较大；印度由于人口压力过大，开发缺少节制，农业空间超过了生态空间(图 2.3)。

2. 拓扑规律

生态空间、农业空间和城市化空间在空间分布上也不是呈马赛克状的均匀镶嵌分布。前文曾探讨过自然功能和人文功能复合的空间过程，而地表功能空间的分布形状可以看作是该空间过程的结果。由于不同功能存在

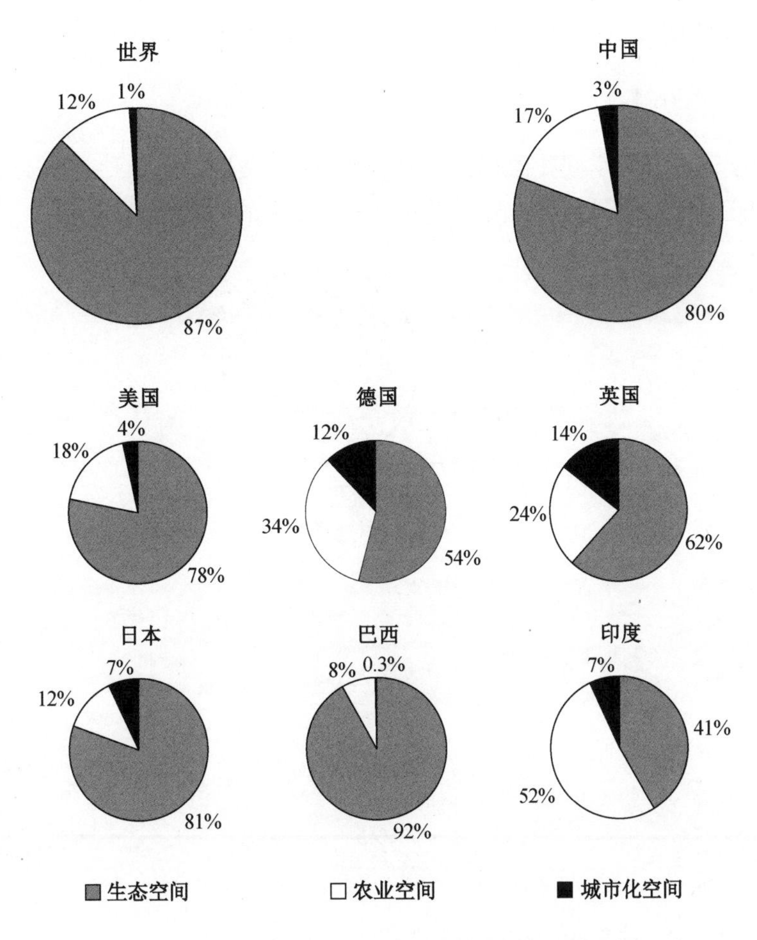

图 2.3　世界和各国三类地域功能空间的面积比例

（注：永久牧场未被计入农业空间）

着相互覆盖、扩散和积压的过程，从而最终导致三大类地域功能在空间上呈相互包裹的环状结构。理想状况下，由于地表最平坦、肥沃的地区被开垦为农地，从而形成生态空间包裹农业空间的格局；同时城市地区孕育于农业地区内部，又形成了农业空间包裹城市化空间的格局。因此地表空间的功能格局大体分为三层：最外层是生态空间，中间层是农业空间，内层是岛状分布的城市化空间（图 2.4）。

实际中，地域功能的空间分布大体也遵循这样的规律，但在局部地区会出现一定的差异，如农业发达的平原地区农业空间比例很高，可能反而将生态空间切割成岛状。但是如果将视角从城市化空间出发，绝大多数情况下各种功能空间出现的先后次序均为城市化空间、农业空间和生态空间。

3. *尺度规律*

由于三类功能空间在面积上相差悬殊，且形状上又呈环状结构，必然导致三类功能空间的分异规律是处在不同空间尺度上的(图 2.4)。

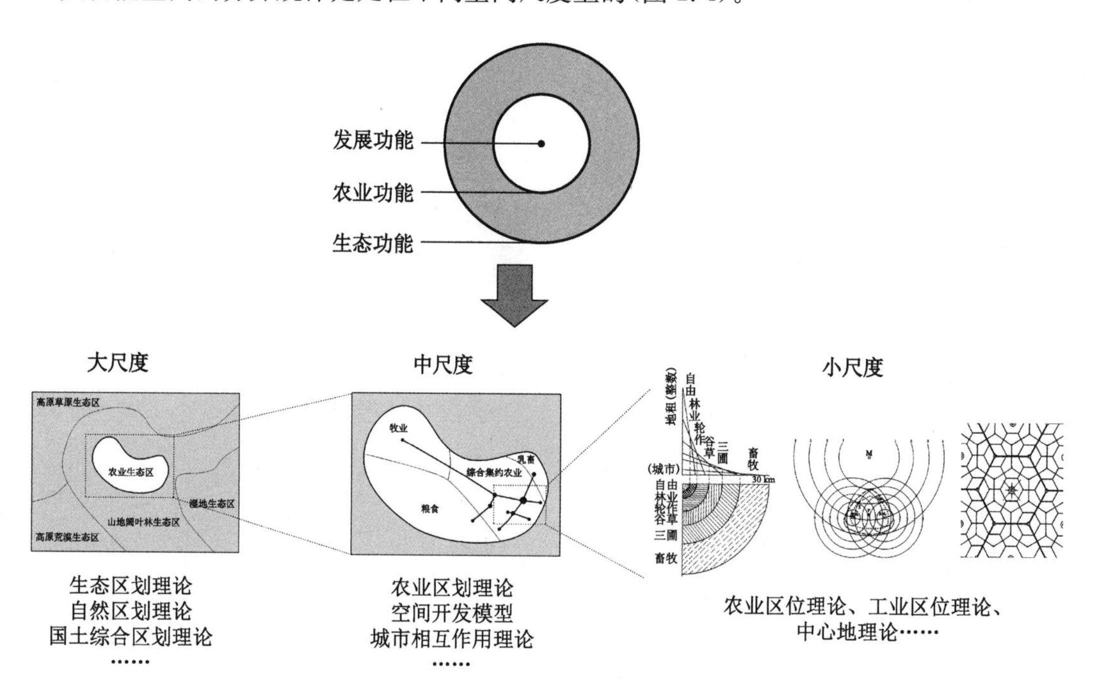

图 2.4 地域功能的空间结构和尺度变化

生态空间的尺度最大，往往出现在大区域和全球尺度。即便在 50 km 的分辨率上，生态区(Ecodistrict)的分异仍可以辨析；而农业地区只能显示出范围而难以区分内部分异，城市化空间则完全消失。在该尺度上的功能格局可以运用生态区划、自然区划的理论进行识别，这样可以清晰地区分各种自然功能在地域上的分异，而农业、牧业地区在该层面上也可以分辨出来，但无法区分内部差异。

农业空间的尺度其次，一般可以在国家尺度上进行区分(全球最大的连续农业区分别位于北美、欧洲和非洲，其面积也不超过我国国土的大小)。在该尺度上可以运用农业区划的理论对不同地域单元的农业能力进行区分和评估。城市化空间在该尺度上可以区分，但是除少数发展极为成熟的都市连绵带以外，大多以点状出现，只能采用空间开发模型(如点—轴系统理论)、城市间相互作用理论等对其影响进行分析。

城市化空间尺度最小，需要在小区域尺度(省以下)才可以区分，该尺度上限不超过 1 000 km。在该尺度上可以使用中心地理论、农业区位论、工业区位论等理论来分析各类功能的空间分布情况，以区分城市、工业区、农村、保育地区的空间界线。如果尺度继续缩小，则进入城乡规划的研究范畴，也是小尺度地域功能空间呈现出来的主要结构。

2.2.2 功能区划的基本单元

确定基本单元对区划工作非常重要。虽然三类基本地域功能有着各自的承载空间，但功能空间的分布规律决定了其尺度不一、形状复杂的特点，十分不利于统计和分析。因此地域功能区划基本单元的确定不仅要考虑区域内部的一致性，还要考虑区划工作的目标需要。

区划的单元一直是地理学中讨论的焦点。维达尔-白兰士认为，地域的基本单元应该通过和谐一致的小区域来研究，用法文词 Pays 表示这样的小区域，并得到了沿用。而区划的鼻祖德国地理学家霍迈尔提出了一种区划主要单元内部逐级分区的概念：小区(Ort)是最小的地理单元；地区(Gegend)是“在高处可以望得见的区域”；区域(Landschaft)是“在很高的地点可以望得见的地域”，是“许多毗连地区的组合。它和相邻的地区组合界限分明，作为它们界限的主要是山地和森林”；最大的地理单元是大区域(Land)，它是地球表面的一部分，它的边界也就是大的排水区域的边界(Dickinson，1969)。此后，英国地理学家昂斯特德提出了一种分级分类的方法。他认为有一种可以直接观察到的不可再分的地区基本单位，并把它称作为 Stow，接着归并出较大的 Tracts，然后进而将 Tracts 合并为副区、小区和大区(表 2.4)。

表 2.4 法、德、英地理学家创造出的区划单元概念

	法国(白吕纳)	德国(霍迈尔)	英国(昂斯特德)	含 义
第一级		Land	Region	区域
第二级	Pays	Landschaft	Tracts	和谐一致的功能地域
第三级		Gegend		小的地域单元
第四级		Ort	Stow	不可分的地域单元

可见，无论哪一种划分体系，它们都很关注于内部的一致性，尤其是在最基本的单元划分上十分追求均质性，如昂斯特德的 Stow。但是作为不可再分的基本单位的 Stow 实际是不存在的，就如我们现在能认识到的最基本的粒子也是可以再分的一样，任何一个用界线划出来被认为是均质的地区，也只是在特定的现象上才是均质的。顾朝林(2007)认为区划一般将区域划分为三种类型：假定内部相同密度和质量的均质区、假定密度和质量从核心到边缘不等的节结区以及按照明确的功能划分的功能区，可见他认为功能区在内部构成上有别于其他两类区域。实际上，地域功能区划中的功能区不可能是均质的，因为有人类活动的地方必然同时存在三类功能空间，彼此有机结合；如果过于追求均质性而把它们划分为不同的区域，所表达出的概念实际上与土地利用无异，在地域功能区划中是没有用的。

因此地域功能区划不可能也没必要把生态空间、农业空间和城市化空间三者完全划开，一个功能区应当是一个三类功能空间混合在一起而各类基本功能的角色不一样的区域。更重要的是，地域功能区划的目的是调控地表功能布局，必然要与后续的规划措施相联系，功能区的范围也需要有利于空间管治措施的施行。因此，采取行政区作为地域功能区划的主要基本单元是最恰当的。以行政单元作为区划底层的基础，既能表达功能区的基本结构(以城市为中心的一定范围的区域)，又可以兼顾政策的实施。在综合区划中使用行政区划作为区划单元并不与区划的原则相违背，刘燕华等(2005)提到中国新时期开展综合区划工作时就认为可以使用行政单元作为区划单元，周立三(1981a)也认为农业区划中以行政单元划分对于操作实施“不但没有妨碍，而且更能因地制宜、符合实际”。

2.2.3 功能区格局的形成机理

一个功能区不仅反映区域内当前的地域功能，也要反映其未来应承载的地域功能，同时作为空间管治措施实施的载体，各种功能区共同组成了地域系统功能空间格局。功能区的形成包括生态、社会、人口、产业、资源等多种复杂的机制群，本书的研究仅从系统的角度对其进行探讨。

1. 地域功能的系统效益

樊杰(2007)提出了区域发展的空间均衡模型来反映功能区形成的过程，他认为功能区的形成是区域发展空间均衡的结果。具体地说，对于给定地域

单元 r_i，其综合发展状态(D_i)由经济发展、社会发展、生态环境等不同类别组成，而区域发展的空间均衡是指每一个地区综合发展状态的人均值趋于平衡，只有这样功能格局才能持续。该理论十分清晰地表明了功能区的形成是区域发展空间有序化的产物。在这里，本书用系统的语言对该模型进行进一步的阐释。

首先我们明确，地域功能是存在效果的，该效果通过一定的方式可以予以评估。我们将有益于区域发展的效果称为效益，而反面的效果则记为效益的负值。那么一个地域单元 r_i 在承载了每一种功能 f_j 之后，必将产生一定的效益，记为 e_j，因此地域单元 r_i 所产生的功能效益 E_i 为：

$$E_i = e_1 + e_2 + \cdots + e_m + x_i$$

其中 x_i 表示地域单元内部所有功能结合之后造成的系统效应，亦即说是功能之间的相互作用。那么整个系统的整体效益 E 应当为：

$$E = E_1 + E_2 + \cdots + E_n + X$$

其中，X 表示功能区之间相互作用所产生的效益。

2. 功能格局的形成机制

在区域发展空间均衡模型的基础上，笔者认为地域系统功能格局的形成应该包括以下两大机制：系统效益的最大化和系统结构最优化。人类对于地域空间的理性管治，就是遵循地域功能空间格局的上述两大形成机制，对地表系统的功能和空间进行重塑和重组。

(1) 系统总效益最大化

它的含义是地域系统的功能格局应当有利于人类的社会经济活动，为人类自身的发展创造更多的福利。要使得系统总效益 E 最大，需要满足两个条件：

① 每一个地域单元所产生的功能效益 E_i 最大，它要求地域单元内部所有功能彼此协调。一旦实现这一点，这个地域单元就形成了一个功能区，成为地域系统的一个子系统。

② 功能区之间相互作用的效益 X 最大，它要求地域系统的功能格局在结构上保持最优。

(2) 系统结构最优化

地域系统内部存在复杂的反馈关系，因此地域功能空间结构应当受到人为的调控。所谓系统结构的最优，即指的是经过人为调控地域系统呈现负反馈的状态，这样的情况下系统才可以健康、持续的运行下去；否则即使系统效益很大，但最终会走向崩溃。从人类的可持续发展来看，可以从两个方向来寻求地域系统结构的最优。

① 资源环境承载能力。地域系统的最大特点是其所产生的一切效益归根结底来自地球所提供的资源和环境，因此地域系统的总效益 E 受资源环境约束。在一个稳定的系统中，地表的资源环境的消耗程度应当在时间序列上按照合理的方式分布，以有助于自身的恢复和调整。一旦地域系统的功能运行超出资源环境承载能力，将加速资源环境的消耗速度，使得地域系统进入正反馈状态。

② 功能效益的分配公平。人类社会是地域系统产生效益的唯一动力，人的发展行为可以看作是地域系统效益分配的一种刺激—响应机制。因此，只有人能够从区域发展中受益，他才会成为促进地域系统产生更高效益的因素；地域系统产生的效益越能公平分配，则其潜在可能创造出的效益更高。系统效益的分配公平度可以用基尼系数表示，则每个地区人均获得的系统效益的基尼系数越小，系统效益分配越公平，系统稳定性则越高，系统结构就越优。

2.3 中小尺度上的功能空间组织和功能分区

市县层级的空间规划需要解决的是中小尺度上的地域功能空间组织问题，所涉及的功能分区工作也和大尺度有所不同。因此无论从科学研究还是应用实践的角度出发，对更小尺度的地域功能空间组织机理进行研究都是十分必要的。对于中小尺度，就是要把研究目标放到功能区内部。虽然前文指出，地域功能是具有最小单元的，小于一定的尺度就不再有地域功能；但这并不意味着在小尺度就不能进行地域功能的相关研究。相反，研究地域功能以及功能区与城镇体系、土地利用之间的关系对于揭示地域功能的基本性质和形成原理是十分重要的，如地域功能是如何通过功能区内部的土地利用类型构成、空间结构以及各类要素的组织所反映出来的。这方面的研究还有一个重要的现实意义，就是探索主体功能区规划与土地利用规划、城镇体系规划、城市总体规划等小尺度空间规划之间的关系协调，这对于我国统一空间规划体系的建立、区域政策的制定和实施等都有很大的帮助。

2.3.1 空间均衡在中小尺度下的呈现方式

在中小尺度空间下，功能区空间格局的形成和演变的因素和机制与大尺度空间相比会产生很大变化。一方面由于国土空间差异的显著性下降，使得部分因子的影响程度减弱；另一方面由于功能分异的复杂性提高，导致新因素和新机制的出现；同时在主体功能定位确定的前提下，更需要探究内部功能空间结构与上位主体功能之间的响应关系。因此影响中小尺度功能区空间格局形成和演变的内部、外部因素及其影响机制，以及不同主体功能定位下功能空间组合和相互作用的规律，将是中小尺度功能空间组织研究需要关注的关键问题之一。

在系统总效益最大化和系统结构最优化两大机制的作用下，市县层级的中小尺度下的功能空间形成机制除了符合空间均衡模型外，还必须遵循如下规律：

1. 内部功能空间结构的有序化

县市内部的各类功能空间构建了中小尺度的地域功能空间结构，如果将县市视作一个系统的话，那么该系统总效益的最大化以及系统结构的最优化就需要依靠县(市)域内部功能空间结构的有序化来实现，这也是中小尺度地域功能空间组织所需要遵循的基本原则。

2. 主体功能的呈现与反映

如果将县(市)域看作更大尺度上国家或区域系统的一个组成部分，那么市县层级的功能空间结构必须有利于实现国家和区域系统效益的最大化，具体而言就是县(市)域内部的功能空间组织效果应该能够体现该县市在国家和区域尺度上的主体功能。

3. 区域间功能空间格局的协调

从国家和区域的地域功能系统的角度来看，要实现系统总效益的最大化需要功能区之间的相互作用能够产生最大效益，这就要求区域与区域之间的功能空间格局相协调。在中小尺度上，除了追求县(市)域内部功能格局的有序化以及对县(市)域主体功能的实现，还必须要与相邻县市实现功能空间格局的协调，并且与区域重大地域功能区相对接。

2.3.2 中小尺度功能分区工作的特点

在我国市县层级的空间规划中，涉及功能分区的规划主要包括城乡规划、土地利用规划、生态环境规划、主体功能区规划、区域规划、国民经济和社会发展规划等。在上述空间规划中，功能分区作为重要的规划手段在认清空间开发现状问题、判断未来发展趋势和明晰区域发展格局方面都各自起到了关键的作用。但是，由于各类功能分区工作服务于不同的规划，又缺乏顶层设计，因此彼此之间存在着较大的差别，这也是导致各自的功能区划方案不相衔接的一个重要原因。具体来说，这些功能分区工作之间主要存在以下一些不同（表 2.5）：

表 2.5 市县空间规划中涉及的功能分区

规划名称	功能分区工作	划分类型	划分单元	分区类型
城乡规划	空间管制分区（四区划定）	已建区、适建区、限建区、禁建区	自然单元	功能区
	城乡土地利用规划图	按《城乡用地分类标准》	地块单元	均质区
土地利用规划	土地用途分区	基本农田保护、农用地、林业用地、居民点建设用地、独立建设用地、风景旅游用地等	自然单元	功能区
	土地利用规划图	按《土地利用现状分类》	地块单元	均质区
生态环境规划	生态功能区划	生态调节功能区、重要生态功能区等	自然单元	功能区
	生态红线划分	生态红线区域	自然单元	功能区
主体功能区规划	主体功能区划	优化开发区域、重点开发区域、限制开发区域、禁止开发区域	行政单元 自然单元	功能区
区域规划国民经济和社会发展规划	城镇化空间引导	城市群、都市圈、城市经济区、城市化发展带等	自然单元	结节区

1. 目标导向不同

如前文所述，地域功能是自然生态的本底功能和人类活动的需求功能的叠加,包括生态、农业和城市化三大类基本功能。在各类空间规划中,有一些功能分区是以地域功能的全部类型为划分目标,如土地用途分区、主体功能区划等,这类功能分区对于不同的地域功能都能有所兼顾;而另一些只针对某一类地域功能进行划分,如城乡规划的"四区划定"、生态功能区划等,它们对于其所侧重的地域功能划分相对比较细致,而对其他地域功能的划分则比较笼统。

2. 区划单元不同

在当前的市县空间规划中,功能分区的划分单元主要分为三种:一是按行政边界进行划分,如主体功能区规划是以县为单元进行划分;二是以自然单元进行划分,如生态功能区划就是以生态区的自然边界作为区划边界;三是以地块单元进行划分,如土地利用规划精确到街区甚至产权地块。区划单元既反映出区划精度的差异,也使得各类功能区划具有不同的空间尺度意义。按行政和自然单元进行划分的区划方案大多用于刻画宏观层面的地域功能空间分异,而以地块为单位的区划方案则反映出微观尺度下功能利用的分布特点。

3. 分区类型不同

在地理学的区划理论中,区域可以分为均质区、结节区和功能区三种类型(顾朝林,2007),而现有各类功能区划的分区类型也可以归纳成这三类。第一类是单元内部质量、密度等各种属性都基本相同的均质区,比如在城乡规划和土地利用规划中,地表空间就被划分成了各种功能属性和土地利用方式都完全一致的均质区;第二类是结节区,其内部功能属性不同,并且其密度从中心到边缘存在规律性的变化,在区域规划、发展规划、城镇体系规划中划分出的各类城市群、都市圈、城市经济区、城市化发展带等都属于这样的结节区;第三类是功能区,即区域内具有一个统一的功能,但质量、密度、土地利用方式等各种属性都可以不同,空间管治分区、土地用途分区、生态功能分区和主体功能区划等都是将国土空间划分成不同的功能区。不同的分区类型对应不同的区划技术路线和空间管治措施,从而也使得不同的区划方案具有不同的规划意义。

3 我国地域功能的空间结构及其在县域单元内的分布

地域功能的空间格局中存在三类基本的功能空间，即生态空间、农业空间和城市化空间，这三类空间的分布和结构决定了功能区的格局。本章基于笔者参与全国主体功能区规划工作时所开展的全国国土空间综合评价基础数据和结果，以公里格网为单元划分出了发展类、农业类和生态类三大地域功能空间，确定了三类空间的复合判定原则，并以县域为评价单元，按照三类功能空间在县域单元内的相对比例、绝对比例、绝对数量以及空间组合方式，得出了我国县域单元功能空间分异格局。

3.1 基本类型功能空间的界定

为了揭示我国的地域功能空间格局，笔者进行了地域功能适宜性评价、资源环境承载能力评价，针对每个评价单元对生态、农业和城市化三类基本功能的产出能力进行评价，产出效益越高则越适宜该类地域功能。基于地域功能适宜性评价结果和资源环境承载能力评价、地域系统结构评价的修正，界定出三种基本类型的功能空间，并根据功能空间的复合态势在 1 km 网格的分辨率上判定出评价单元的地域功能空间类型。

3.1.1 生态空间

生态功能适宜性评价以各类生态系统的生态生产能力为基础，结合水源涵养、土壤形成和保护、生态多样性保护三种功能重要性增益评价，以及沙漠化、土壤侵蚀和石漠三种生态脆弱性增益评价，在 1 km 格网的分辨率上将国土空间按照生态功能适宜性划分为 5 级。

1. 生态功能适宜性的评价结果特征

按照上述方法获得我国生态功能适宜性评价结果(图 3.1)，该结果可以反映如下特征：

(1) 我国的生态功能适宜性空间分布与我国的宏观生态系统空间格局密切相关。我国从东南向西北分布着森林、草原和荒漠三大基本区域，从大兴安岭经黄土高原东南边陲、横断山脉北部、藏东南东界，以东为森林区域，此线以西至内蒙古高原中部、祁连山、西藏高原北部一线为草原区域，青藏高原和广大西北地区为荒漠地区(任美锷和包浩生，1992)，而生态功能适宜性较高的地区也与三大生态系统的分布基本一致。

(2) 生态功能适宜性的分级基本体现了不同地区对于生态保护或治理的重要性。适宜性最高(5 级)的地区基本是对于全国生态安全起到关键意义的生态系统，需要在全国层面上进行有效的保护或治理；适宜性较高(4 级)的地区则由两类构成：一是对区域生态安全意义明显的生态系统，二是适宜性最高的生态系统的组成部分或外围部分；适宜性中等(3 级)的地区是具有一般生态安全意义的生态系统，需要得到恰当的保护或治理；适宜性较低(2 级)的地区大多是全国或区域的生态安全意义不大的耕地或荒漠生态系统，可以用作农业发展或城市化发展；适宜性最低(1 级)则是基本不具备生态意义的地区，包括城市建成区和完全荒漠化且没有人类活动的地区，这类地区没有任何生态保护或是治理的必要。

(3) 生态功能适宜性为高或较高的地区分别占国土面积的 23.91%和 31.99%，超过国土面积的一半，反映了我国国土面积中大部分区域都对全国或地区的生态安全具有比较重要的意义。评价结果为中等以上的地区占国土面积的 73.47%，说明未来我国接近 3/4 的国土有生态保护或治理的必要。如果算上以荒漠面积为主的生态功能最不适宜地区，所有的生态空间占全部国土的 80.55%，这也与前文提到的地域系统三类功能空间的数量关系相一致(表 3.1)。

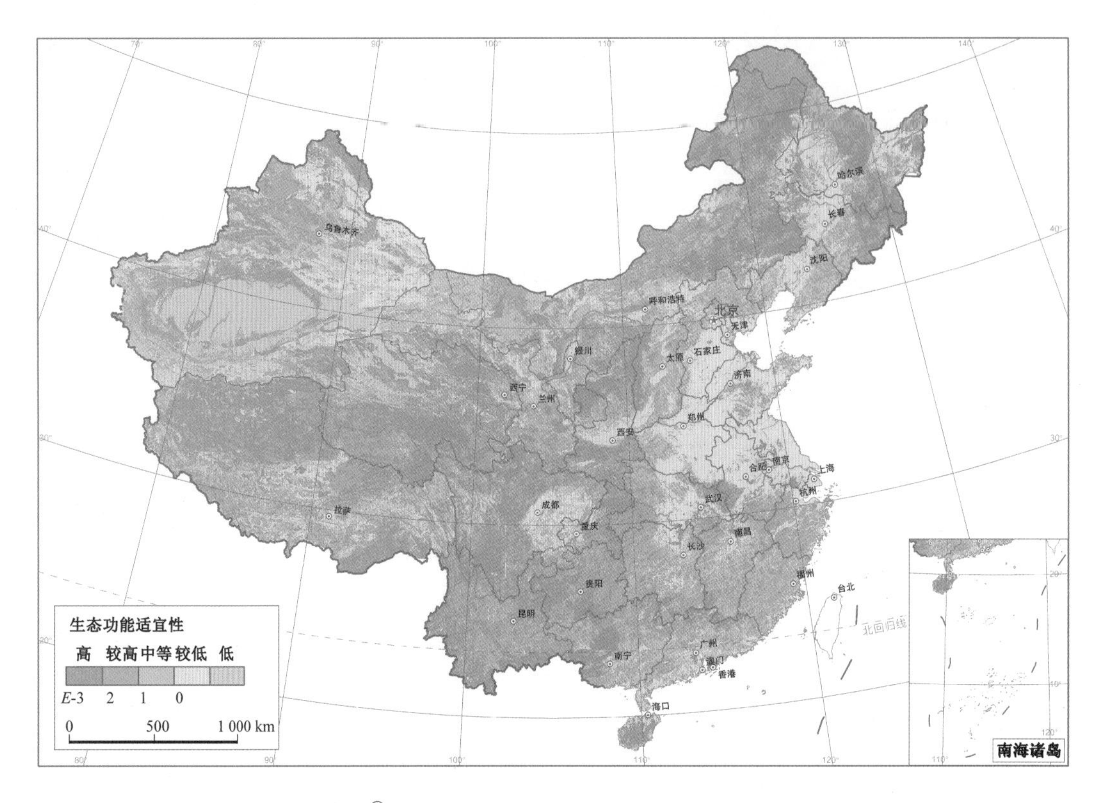

图 3.1 中国的生态空间分布图①

表 3.1 生态功能适宜性评价统计

生态功能适宜性	面积(10^4 km^2)	占全国比重
高	227.28	23.91%
较高	304.13	31.99%
中等	167.02	17.57%
较低	184.86	19.45%
低	67.38	7.09%

2. 生态空间的判定

生态空间的判定以生态功能适宜性评价结果作为界定生态空间的唯一依据。在这 5 个功能适宜性级别中，最高的 3 级(3～5 级)代表功能适宜性从中到高的三类生态空间，而适宜性为 2 级的地区基本对全国或区域的生态安全意义不大，至于适宜性为 1 级的地区则根本不具备生态意义。因此，将生态功能适宜

注①：第 3 章地图底图根据 1∶100 万省级行政区域数据绘制(国家基础地理信息中心提供)。

性最高的三级作为生态空间,并按照功能适宜性从低到高分别划分为 1 级至 3 级生态空间,记为 $E=1, 2, 3$;其余地区则不作为生态空间,记为 $E=0$(图 3.1)。

3.1.2　农业空间

农业功能适宜性评价根据土地的绝对生产能力和相对生产潜力进行评价。由于种植业和牧业两类最主要的农业功能在功能发生机理上存在较大差异,因此分为种植业和牧业分别进行评价:种植业以耕地的农作物生产能力为评价基础,牧业则以牧草地的载畜能力为评价基础。

1. 种植业功能适宜性评价结果特征

根据评价结果,种植业功能适宜性最高的地区是我国粮食生产潜力最大的耕地所在,约占全国面积的 11.17%;适宜性较高的包括两类地域:一是土地生产潜力次高的地区,二是土地生产潜力很高但是由于工业化和城市化的快速发展导致农业功能地位下降的地区;适宜性中等的地区大多为耕种条件一般或零星分布的耕地;适宜性较低的为耕种条件较差,或根据生态安全考虑不宜开垦的土地或应当退耕的耕地;适宜性最低是不适合耕种的地区,该类地区面积最大,约占全国面积的 74.19%(表 3.2)。

表 3.2　种植业功能适宜性评价统计

种植业功能适宜性	按行政单元		按自然单元	
	单元数	占全国比重	面积(10^4 km^2)	占全国比重
高	341	14.33%	106.22	11.17%
较高	610	25.63%	42.18	4.44%
中等	549	23.07%	67.52	7.10%
较低	677	28.44%	29.41	3.09%
低	203	8.53%	705.34	74.19%

根据评价结果也可以看出,我国种植业功能适宜性的总体空间格局基本与现实的农业生产宏观格局相一致,但也反映出近年来所产生的一些变化。种植业功能适宜性最高的地区最主要的是黄淮海平原—长江三角洲、东北平原(分为三江平原、松嫩平原和辽河平原 3 个组成部分)、长江中游平原(分为两湖平原和鄱阳湖平原 2 个组成部分)和四川盆地等 4 大片,其他面积较大的

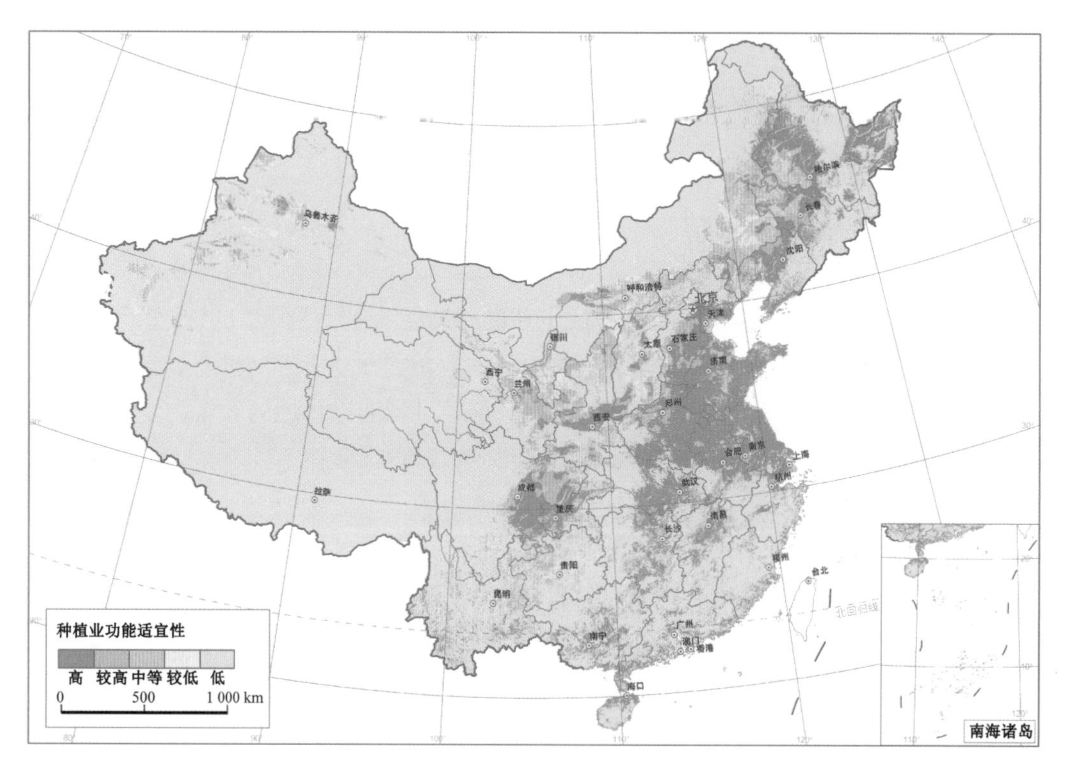

图 3.2　中国农业功能适宜性评价图

还有关中—渭河谷地、河套平原、岭南地区等；农业适宜性较高且面积较大的地区还有新疆塔里木河流域以及天山北麓地区等。在传统的农业地区中，珠江三角洲地区由于城市化发展程度极高，不再是种植业功能最适宜的地区，此外长江三角洲地区的大城市周围等地的种植业功能适宜性也有所下降(图 3.2)。

2. 牧业功能适宜性评价结果特征

根据评价结果，牧业功能适宜性最高的地区占全国国土面积的 10%，包括青藏高原牧区的大多数县域以及内蒙古的锡林郭勒、呼伦贝尔等牧区；适宜性较高的地区包括内蒙古其他牧区、新疆牧区和青藏高原外围牧区，约占国土空间的 12%；适宜性中等的地区主要为农牧交错带，包括藏南谷地、川滇山地、黄土高原、内蒙古高原东缘以及新疆的山麓地区，约占国土空间的 7%。适宜性较低的地区主要分布在云贵高原、秦巴山区和西北绿洲地区等地，约占国土空间的 4%。全国大部分地区由于无草地分布，基本都被评价为适宜性最低的地区，约占国土空间的 67%(图 3.3)。

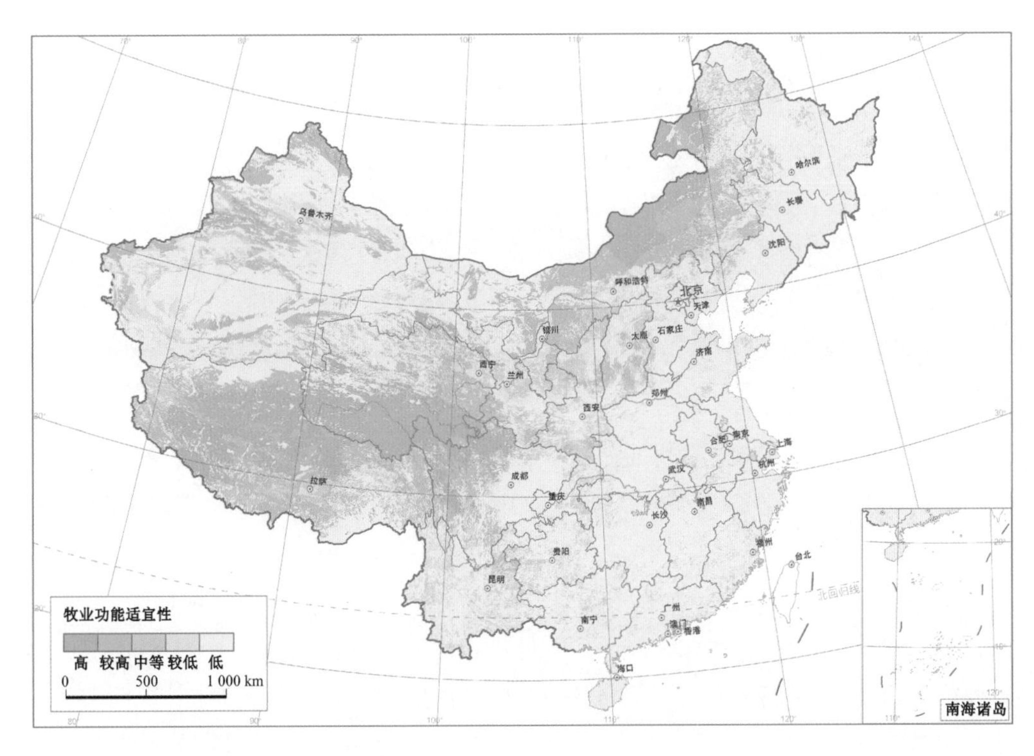

图 3.3　中国牧业功能适宜性评价图

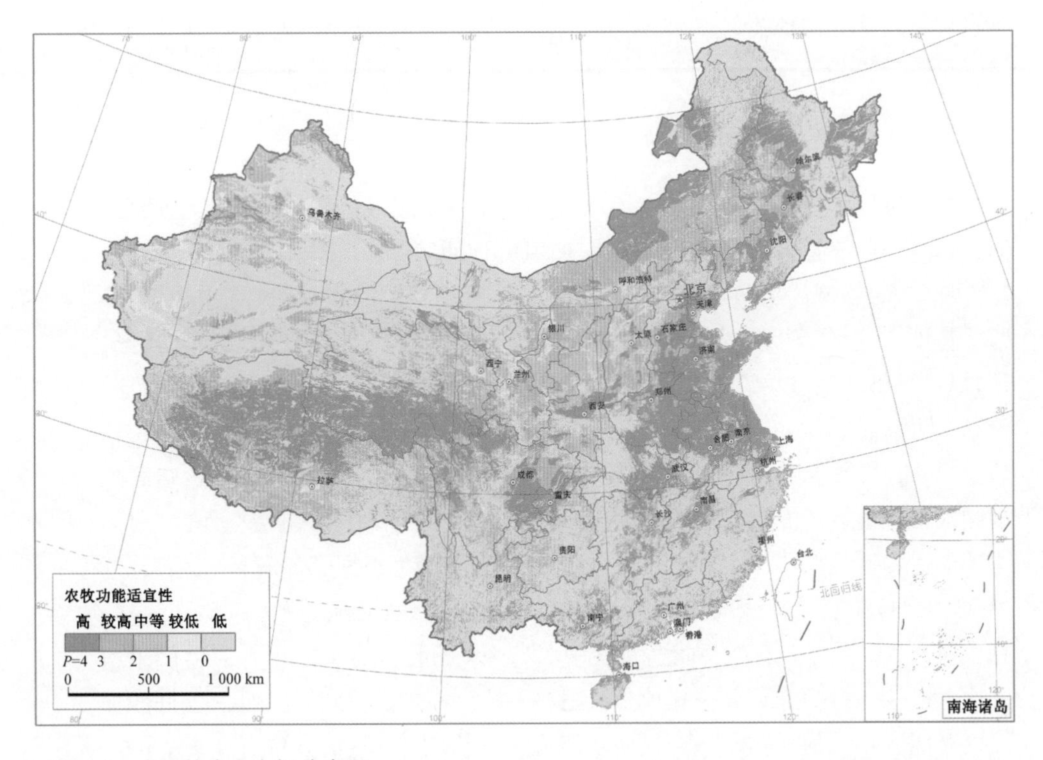

图 3.4　中国的农业空间分布图

3. 农业空间的判定

农业功能适宜性评价针对两类最主要的农业功能按照功能适宜性被划分为5级。其中，最高的4级代表确实能够进行农牧业生产的国土空间，而最低的一级(1级)代表的是城镇、林地、水面、荒漠等不能进行农牧业生产的国土空间。因此本书将农业功能适宜性最高的4级作为农业空间，并按照功能适宜性从低到高分别划分为1级至4级农业生产空间，记为$P=1, 2, 3, 4$；功能适宜性为1级的地区则不作为农业生产空间，记为$P=0$(图3.4)。

3.1.3 城市化空间

对于城市化空间的界定则稍有复杂。在全国的发展功能适宜性评价中，是以县域单元为基础，并说明该功能适宜性指代的是县域内部的城市化空间。但是在综合集成的过程中，为了能与其他两类功能空间进行一致的评价，其所指代的具体空间是非常有必要界定清楚的。因此，城市化空间必须将所有的相关评价结构反映在实体地域上。根据这样的需求，界定城市化空间的核心是将按行政单元的评价结果转换为自然单元，并在这个过程中将相关的评价结果反映进去。

1. 以县域为单位的发展功能适宜性评价

笔者选取了表征工业化发展阶段的若干关键指标(包括人均地区生产总值、产业结构、制造业增加值占工业增加值的比重、城市化率和非农产业就业比5项)按照县域为单位进行评价，得出了全国各县域的发展阶段，再根据交通优势度、人口集聚度、资源环境承载能力、空间结构优化系数对结果进行修正，最终得出按县域单元的我国发展功能适宜性空间分布图(图3.5)，根据评价结果可以总结出如下特征。

(1) 从数量上看，我国县域的发展功能适宜性呈金字塔状分布(表3.3)。全国大部分县域的发展功能适宜性不高，有7亿多人口生活在这类地区。其中功能适宜性最低(1级)的有1 194个县域，占县域总数的50.23%和总人口的33.82%；功能适宜性较低(2级)的有612个县域，占县域总数的25.75%和总人口的24.66%。发展功能适宜性中等(3级)的县域有296个，其县域个数占比、人口数占比和GDP占比比较接近，都在13%左右，这类地区代表了全国发展功能适宜性的平均水平。发展功能适宜性较高(4级)的县域有244个，占

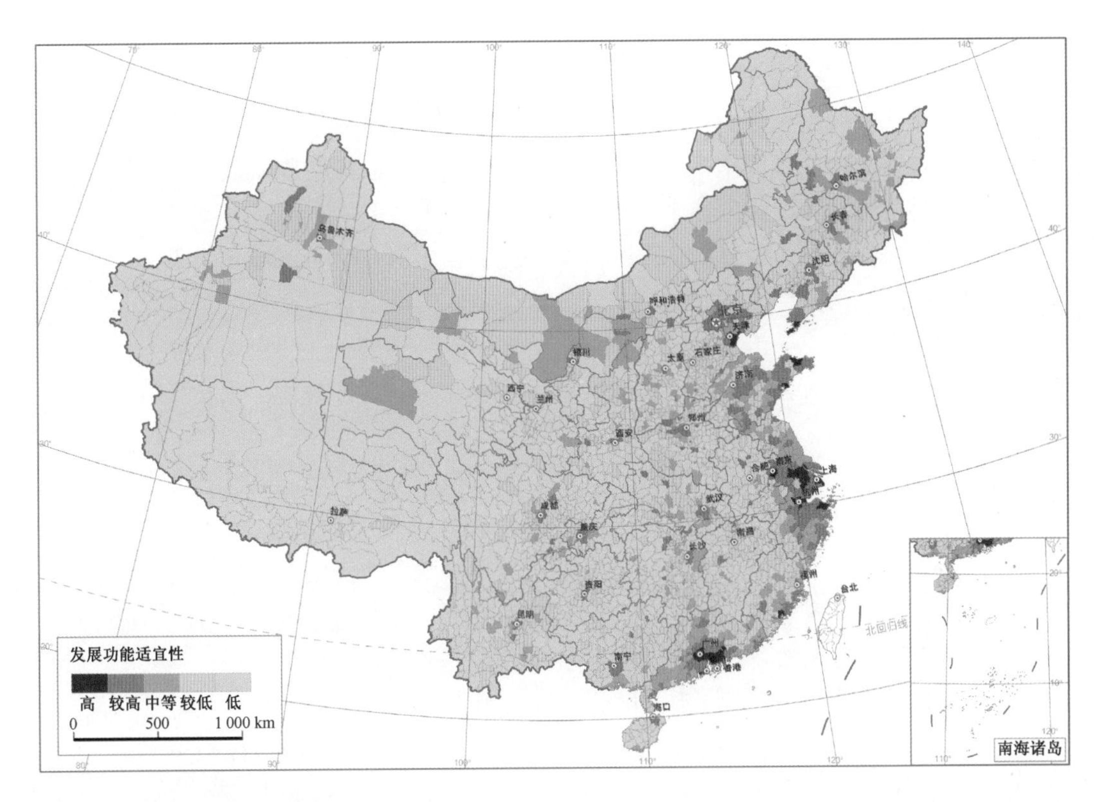

图 3.5 中国县域发展功能适宜性评价图

县域总数的 10.27%，集聚了全国 19.84%的人口，创造了 34.77%的 GDP。发展功能适宜性最高(5 级)的县域有 31 个，仅占县域总数的 1.30%，却集聚了全国 8.34%的人口，创造了 25.19%的 GDP。

表 3.3 发展功能适宜性评价结果统计

发展功能适宜性	县域数		人口		地区生产总值		人均 GDP (元)
	个数	占全国比重	万人	占全国比重	亿元	占全国比重	
高	31	1.30%	10 510.54	8.34%	71 101.55	25.19%	67 647.83
较高	244	10.27%	24 999.66	19.84%	98 151.09	34.77%	39 260.96
中等	296	12.45%	16 798.53	13.33%	36 277.76	12.85%	21 595.79
较低	612	25.75%	31 075.82	24.66%	44 197.71	15.66%	14 222.54
低	1194	50.23%	42 610.22	33.82%	32 534.83	11.53%	7 635.45

(2) 环渤海地区、长江三角洲地区和珠江三角洲地区是我国发展功能适宜性最高的地区，绝大多数功能适宜性为 5 级的县域都分布在这三个区域。

其中长江三角洲和珠江三角洲地区呈现核心区为发展功能适宜性为5级的县域集中连片分布，主体为4级县域、外围为3级县域的空间结构。环渤海地区则呈中心城市为5级县域，核心区4级县域相对集中分布、主体为3级县域的空间结构。从这三大城市群地区的发展功能适宜性看，未来将形成以优化开发地区为主体的大范围的全国性中心地区。

（3）以发展功能适宜性为4级的县域作为中心城市，外围3级县域相对集中连片分布的地区未来将形成以重点开发地区为主体的全国性中心地区。这类地区主要包括以中原城市群、武汉城市群、长株潭地区、成渝地区、南宁及北部湾地区、福建沿海地区、哈大齐—哈长经济走廊、淮海地区、呼包地区以及乌鲁木齐附近等。

（4）以发展功能适宜性为4级或3级的县域作为中心城市、外围2级县域相对集中连片分布的地区未来将形成区域性中心地区，如冀中南地区、皖江城市群地区、昌九经济走廊、滇中地区、黔中地区、兰州—西宁地区以及银川附近等。此外中西部一些资源开发优势较高的地区也有相对集中的3级县域以及外围连片的2级县域分布，如晋陕蒙（鄂尔多斯）地区、晋中地区等。

（5）孤立的发展功能适宜性为3级的县域和相对集中的2级县域未来将形成以一般开发地区为主体的中心地区，它们主要分布在我国的中西部和东北地区。

2. 城市化空间的实体边界

从土地利用的角度看，城市化空间的主体是城镇用地。但是，仅以城镇用地作为发展空间的全部是相当局限的。首先，城镇的边界本身就不是按照建成区边界而确定的，还包括被城镇所影响的一定范围。虽然确定城镇边界的标准尚无定论，但城镇的边界大于城镇用地的边界却是共识。特别我国正处于城市化快速发展的阶段，城镇范围的变化是剧烈的，以城镇用地作为城市化空间也无法满足现实需求。其次，中心城市周边相当范围以内的区域，即便承载着一些与城镇职能不相符的农业生产、旅游休闲、生态保育等功能，但它们无论从服务范围、产业结构、人员通勤等角度都受到中心城市的强烈影响，与其他地区的同类活动有着相当大的区别。因此这些与中心城市发展紧密结合的其他功能，仍然体现出发展功能的含义，这些区域同样也应该作为城市化空间的一部分。再次，从空间形态上看，城镇用地只代表现有的城镇，无法体现城镇未来的拓展方向以及中心地之间的相互作用，因此只具备空间结构上“点”的意义。而从地域功能的空间结构上看，城市化空间也需要具有“面”的意义，这是单一的城镇用地所体现不了的。

综上所述,城市化空间实体边界的根本性质是该空间内的中心城市本身以及其所吸引的一定范围。根据中心城市在国土开发体系中的地位以及区域间的联系通道——交通线和发展轴,就可以确定出不同中心地吸引范围的边界,这就是城市化空间的边界。

3. 中心地吸引范围的确定

有多种手段可以确定中心地的吸引范围,如交通通达度模型、引力模型等,本书采用交通通达度模型确定中心地的吸引范围。

交通通达度是指从中心城市出发,利用陆路和水路等交通运输方式,沿最短路径在一定时间内所能达到的距离范围,计算公式为:

$$d = vt$$

式中,d 代表通达距离;v 代表通行速度;t 代表通达时间。其中求出通达距离是本模型评价的目的,而其中两项重要参数——速度和时间——则根据中心城市和发展轴在我国国土开发空间结构中的地位决定。

(1) 通行速度

对于有交通运输线的地区,其速度根据线网的平均运输速度确定;对于没有交通运输线的地区,则根据土地利用方式确定(表 3.4)。

表 3.4　不同运输方式和土地利用类型的通行速度

类别	运输方式/土地利用	通行速度(km/h)
有交通线	铁路	160
	高速公路	120
	国道	60
	通航河段	30
无交通线	建设用地	8
	草地	6
	耕地	5
	林地	0
	水域(不可通航)	0
	荒漠	0

与此同时,考虑到非干线交通运输网也能起到通达的作用,尤其是在城市化水平较高的地区,密集的普通路网对于通达性的提高效果非常显著,因此笔者使用各地区交通网密度的数据确定一个速度修正系数,对于轴线沿线 15 km 范围内无交通线网区域的通行速度将被乘以该修正系数。

(2) 通达时间

通达时间则根据中心城市(节点)在国家空间结构体系中的地位确定。通常来说,对于中心度较高、经济较发达的中心城市,其吸引范围通常采用 2～3 h 通达圈,对于其他城市则可以采用 1～2 h 通达圈。

按照通行速度和通达时间的确定标准,就可以得出各中心点的通达距离。通过 ArcGIS 空间分析模块中的成本距离分析就可以实现上述过程,还可以实现按照任意通达时间评价出通达圈范围的功能。基于该功能,将全部国土空间按照至中心城市的通达时间长短分为 10 级,以体现中心城市的吸引强度。

4. 城市化空间的等级划分

得出了中心城市吸引范围,即可以县域发展功能适宜性评价结果为基础,中心城市吸引范围为边界,按照吸引强度将城市化空间划分为 4 级(记为 $D=1, 2, 3, 4$),吸引范围之外即为非城市化空间,记为 $D=0$。按照这个标准,我国的城市化空间约为 76.9 万 km^2,占全部国土空间的 8.1%(图 3.6)。

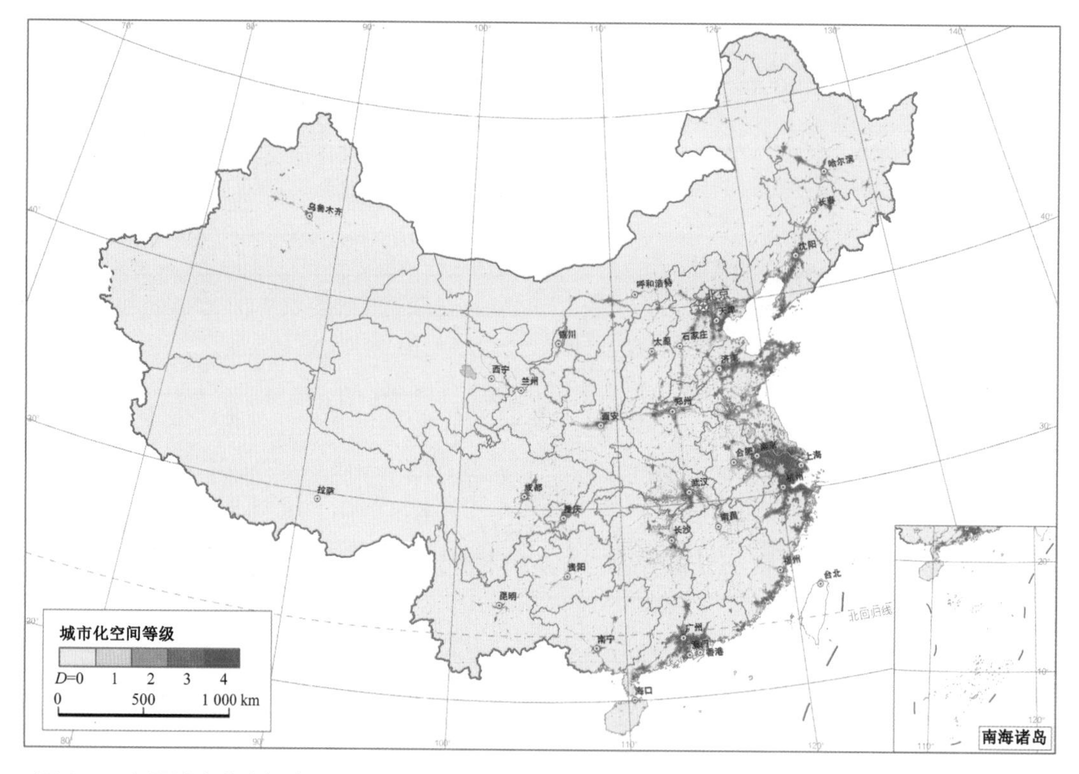

图 3.6 中国城市化空间分级

3.2 功能空间的复合和识别

三类基本功能空间在分布上大体各自占据了一定的区域，但是彼此重合的现象也必然会出现。功能空间的复合现象是区划方案集成的难点，但同时也是识别地域功能的重要依据。只要能够掌握不同类型功能空间重合的程度、方式和原因，将地域功能清晰地从中剥离出来便不再困难。

3.2.1 三类功能空间复合的基本态势

三类功能空间叠加在一起最多会产生 8 种可能性，包括 4 种单一功能空间(包含无功能空间)和 4 种复合功能空间。其中单一功能空间有 553.35 万 km^2，占国土面积的 58.19%；复合功能空间有 397.57 万 km^2，占国土面积的 41.81%(表 3.5、图 3.7)。

表 3.5 各类功能空间复合类型统计

功能空间复合类型	面积(km^2)	比重
无功能空间	101.38	10.66%
生态空间	344.52	36.23%
农业空间	101.90	10.72%
城市化空间	5.55	0.58%
生态—农业复合空间	326.71	34.36%
其中:生态—牧业复合空间	267.81	28.16%
生态—城市化复合空间	13.13	1.38%
农业—城市化复合空间	43.41	4.56%
全功能复合空间	14.33	1.51%

1. 单一功能空间

单一功能空间包括 344.52 万 km^2 的生态空间、101.90 万 km^2 的农业空间以及 5.55 万 km^2 的城市化空间，此外还有 101.38 万 km^2 的国土对于三类基本地域功能都不适宜，属于无功能空间。这些功能空间在地域功能空间格局中功能指向性十分明显，在区划方案集成的过程中可以较为清楚地将其划分为相应的功能区。

2. 生态—农业复合空间

生态—农业复合空间共有 326.71 万 km^2，占全国国土空间的34.36%，是复合功能空间中最大的，占全部复合功能空间的 83.38%。虽然生态—农业复合空间面积很大，但是其中仅生态—牧业复合空间就占去 81.96%，达 267.81 万km^2。这主要是由于草地既具备较高的生态价值，同时又是牧业生产的主要空间，因此造成牧业空间与生态空间的重合性较高。我国的几大最重要的牧区中，如青海、藏北、天山、阿尔泰山、锡林郭勒、呼伦贝尔等地，都属于生态极为重要的地区，因此这些地区中的大多数都是生态—牧业复合空间。此外，生态—种植业复合空间也有近 50 万 km^2，主要分布在两大地带：一是农牧交错带，包括内蒙古、陕北、宁夏、甘肃等地，这些地区耕地与草场的相互转换非常频繁，在未来是退耕还草的主要地区；二是耕地资源十分有限、人地矛盾十分突出的山地丘陵地区，主要分布在四川盆地、秦巴山地、云贵高原等，这些地区未来退耕还林的压力会非常大。

3. 农业—城市化复合空间

农业—城市化复合空间共有 43.41 万 km^2，占全国国土空间的 4.56%。这类功能空间虽然总面积不是特别大，但是占到了全部城市化空间的 56.8%，也就是说我国未来的城市化和工业化开发将大面积遭遇占用农业用地的矛盾。农业—城市化复合空间最集中分布的地区也是我国人口最稠密、城镇发展与耕地保护矛盾最突出的地区，除环渤海、长江三角洲和珠江三角洲等三大城市群以外，还有中原地区、东北地区、江汉地区和关中地区等粮食主产地。

4. 生态—城市化复合空间

生态—城市化复合空间共有 13.13 万 km^2，占全国国土空间的1.38%。这类空间主要分布在山地丘陵与平原相交的地区以及沿海、沿河、沿湖地区，体现出城市化发展和生态保护之间的矛盾。从分布区域上看，生态—城市化复合空间在东部多于西部、南方多于北方，集中分布于长江三角洲、珠江三角洲、海峡西岸地区、北部湾地区、辽中南地区和京津冀外围地区，此外在浙江、福建、江西、湖北和湖南等省的分布面积也很大。

5. 全功能复合空间

全功能复合空间代表对三类基本地域功能都适宜的功能空间，共有14.33万km^2，占全国国土空间的1.51%。全功能复合空间是地域功能冲突最激烈的地区，也是人地矛盾最突出的地区。这类空间大多出现于山地丘陵地区，尤以中西部地区居多。在这些地区，由于人多地少，城市、产业发展以及农业发展用地都十分不足，若要满足这些用地需求就必须要占用生态用地。全功能复合空间可以分为两类：一类出现于城市群地区或人口产业集聚带，如山东半岛地区、太原城市群地区、呼包鄂地区、成渝地区、黔中地区、滇中地区、兰州—西宁地区和天山北麓地区等，这些地区在未来无论是城镇和产业发展还是农业发展都必须要走集约化的道路；另一类出现在一般的城市周围，在中西部诸省分布广泛，这类地区未来的国土开发基本将被限制。

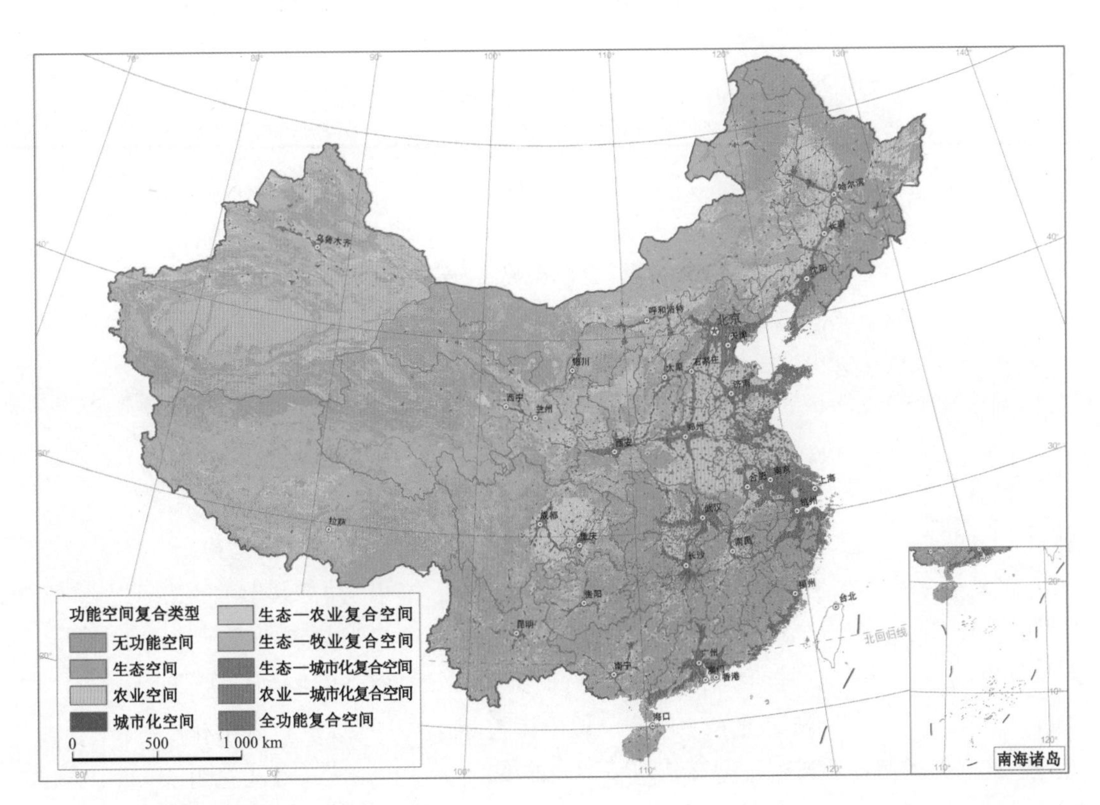

图3.7 中国功能空间复合类型分布

3.2.2 复合功能空间的功能判定方法

复合功能空间虽然同时对多种地域功能适宜，但是其适宜的程度并不一样；同时，不同的地域功能在地域系统中的重要性也不同。据此，复合功能空间也可以被进一步识别为功能指向更为清晰的空间。

经过之前的评价，每一个地域单元都拥有其在生态空间、农业空间和城市化空间系统中的级别。将这些代表级别的数值组合起来，可以形成一个三位数的代码：

$$\overline{EPD} = 100E + 10P + D$$

其中第一位代表生态空间等级，第二位代表农业空间等级，第三位代表城市化空间等级，例如 013 就代表一个地域单元被同时评价为 1 级农业空间和 3 级城市化空间。由于生态空间被分为 3 级，农业空间和发展空间各被分为 4 级，因此加上 0 级，三类空间的代码组合方式共有 100 种。在我国这 100 种功能复合类型都有出现，下一步功能识别的目标就是将这 100 种复合功能空间简化为 12 种单一功能空间。

功能判定的过程采用矩阵判别法进行逐一判别(图 3.8)，在确定判别标准时主要考虑到以下几点：

(1) 生态优先。生态功能是最基础的地域功能，是人类赖以生存的基本，因此在三类基本地域功能中，生态功能的优先度是最高的。大多数情况下当生态功能与其他地域功能相冲突时，其他地域功能应让位于生态功能。如果一个地域单元被评价为 2 级以上生态空间，则无论是否有其他地域功能，基本都被判定为生态空间。

(2) 城乡协调。城市化空间和农业空间的冲突是功能复合中的另一个难点。城市化空间的概念设定比较宽泛，并未指明城市化空间中不可以包含农业生产，同时在界定城市化空间时也严格控制了城市化空间的规模，因此出于支撑各地区未来区域发展的考虑，在农业—城市化复合空间的功能判定上，相对倾向于判别为城市化空间。对于较高级别的城市化空间，当与农业生产冲突时仍判定为城市化空间，但级别有所降低；而当较高级别农业空间与低级别城市化空间冲突时，则判定为农业空间。但一个地域单元即便被识别为发展空间，其内部的基本农田保护等根本政策不会改变。

(3) 农牧区分。农业空间中，牧业空间由于与生态空间联系相对紧密，因此

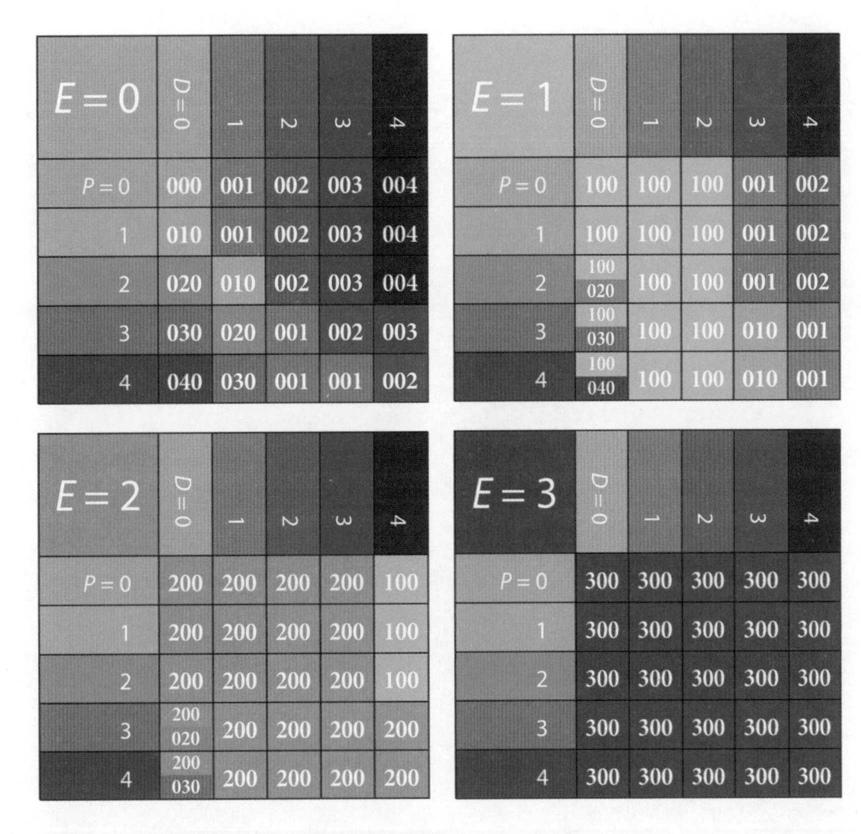

图3.8 复合功能空间的功能判定标准

比较特殊。在生态—农业复合空间的功能识别过程中，本书对于这类空间采取“具体问题、具体分析”的原则。即对于2级及以下生态空间，如果属于牧业空间为主导的农业空间（牧业功能适宜性高于种植业功能适宜性），可以适当地判别为牧业空间，这也符合在保护草地生态系统的前提下合理发展牧业的理念。

根据上述原则，在88种复合功能空间类型中，有59.5种被判别为生态空间，7.5种被判别为农业空间，21种被判别为城市化空间。

3.2.3 功能空间识别结果

通过对复合功能空间进行功能判定，我国的国土空间共可被划分为4类12级地域功能空间（图3.9）。

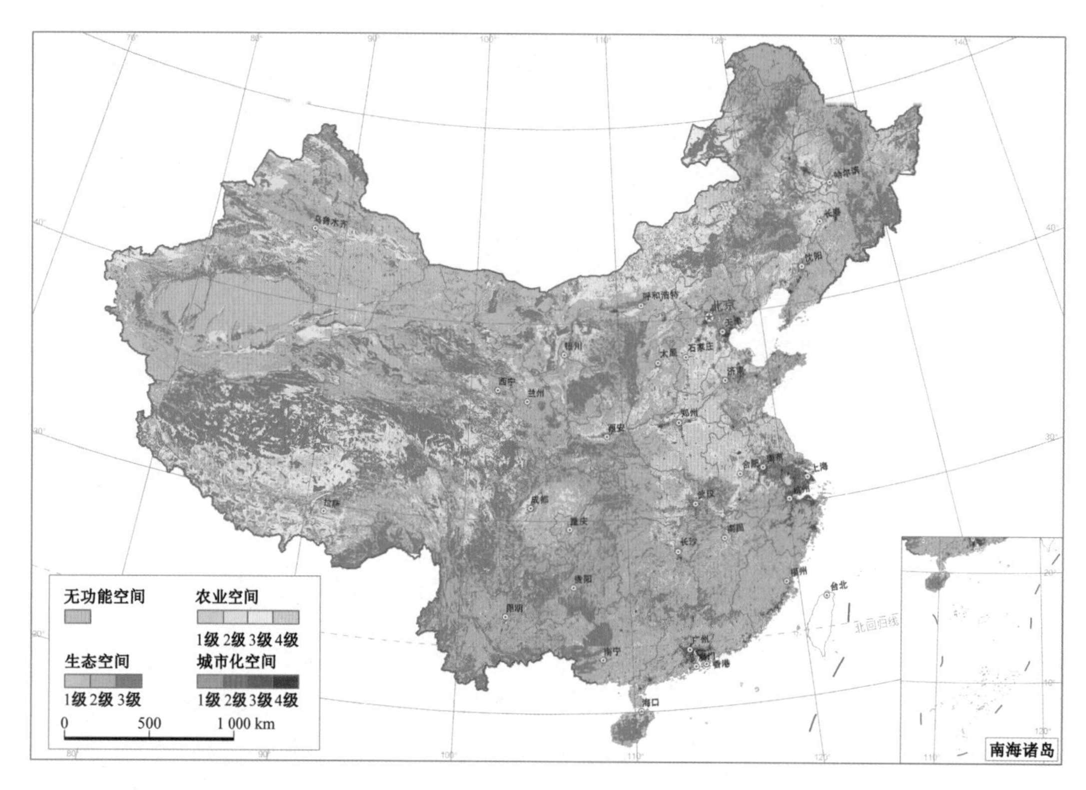

图 3.9　中国地域功能空间类型图

根据识别结果，我国除有 101.38 万 km² 的无功能空间外，还有 573.53 万 km² 的生态空间、244.32 万 km² 的农业空间和 31.68 万 km² 的城市化空间，各占国土空间的 60.31%、25.69%和 3.33%。如果将以荒漠、冰川等地貌类型为主体的无功能空间视为广义的生态空间，则生态空间、农业空间和城市化空间的比例约为 21.3∶7.7∶1。

在三类基本功能空间中，各等级的生态空间呈倒金字塔状分布，最高级别的生态空间占国土空间的比例达到 23.91%，体现出大部分生态地区对我国的生态安全都具有很重要的意义；各等级的农业空间则呈偏正态分布，面积最大的为 3 级，说明农业空间的等级分布较为均衡；各等级的城市化空间则呈金字塔状分布，最高级别的城市化空间仅占国土空间的 0.23%，这也与城市化发展由内向外逐层拓展的空间规律相一致(表 3.6)。

同时，最终识别出的各类功能空间中，有不少都来自复合功能空间。其中生态空间中复合功能空间面积最大，分别有 203.24 万 km² 来自生态—农业复合空间、12.24 万 km^2 来自生态—城市化复合空间、13.54 万 km^2 来自全功能复合空间，占去所有复合功能空间面积的 57.6%。城市化空间中来自复合功能空间的比例最高，31.68 万 km^2 的城市化空间中就有26.13 万km^2 来自复合功能空间，占 82.5%。农业空间则在各类复合功能空间中基本都只分得较少的份额。

表 3.6 各类地域功能空间统计

功能空间	面积(km^2)	比重
无功能空间	101.38	10.66%
生态空间	573.53	60.31%
1 级	126.63	13.31%
2 级	219.53	23.09%
3 级	227.37	23.91%
农业空间	244.32	25.69%
1 级	5.71	0.60%
2 级	72.26	7.60%
3 级	98.64	10.37%
4 级	67.71	7.12%
城市化空间	31.68	3.33%
1 级	19.27	2.03%
2 级	7.32	0.77%
3 级	2.87	0.30%
4 级	2.22	0.23%

3.3 功能空间在县域单元内的组合方式

3.3.1 县域单元功能空间组合类型的划分方法

县域单元内功能空间的组合类型根据各类功能空间的数量关系决定，大致可以分为两类：一是由某种地域功能主导的县域，包括生态主导型、农业主导型和城市化主导型；二是由多种地域功能复合的县域，包括生态—农业复合型、生态—城市化复合型、农业—城市化复合型和全功能复合型。类型划分主要考虑功能空间的相对比例、绝对比例和绝对数三个因素。

1. 相对比例

相对比例用功能空间面积之间相差的倍数决定。由于基本功能空间共有三类，因此采取变量控制的方法，在控制某一类功能空间数量的同时考察另两类功能空间的相对比例，确定功能空间组合类型。同时为了减少无功能空间的影响，在进行每一步分类的过程中对无功能空间的比例也要进行约束。

首先，分别用 $P(N)$、$P(E)$、$P(P)$ 和 $P(D)$ 表示县域内部无功能空间、生态空间、农业空间和城市化空间的比例。

(1) 生态空间和农业空间之间的相对关系

当 $P(N)<40\%$、$P(D)<10\%$时，如果 $P(E)$ 和 $P(P)$ 的比值介于 0.25～4 则为生态—农业复合型，小于 0.25 则为农业主导型，大于 4 则为生态主导型。

同时考虑到无功能空间中的绝大多数为荒漠、冰川、滩涂等地貌类型，具有一定的生态功能性质，因此对于 $P(N)\geqslant 40\%$的县域，如果 $P(E)$ 和 $P(P)$ 的比值介于 0.25～3 之间则为生态—农业复合型，大于 3 时则为生态主导型，小于 0.25 则为农业主导型。

(2) 农业空间和城市化空间之间的相对关系

当 $P(N)<40\%$、$P(E)<20\%$时，如果 $P(P)$ 和 $P(D)$ 的比值介于 0.5～4 之间则为农业—城市化复合型，小于 0.5 则为城市化主导型，大于 4 则为农业主导型。

(3) 生态空间和城市化空间之间的相对关系

当 $P(N)<40\%$、$P(P)<20\%$时，如果 $P(E)$ 和 $P(D)$ 的比值介于 0.5～4 以内则为生态—城市化复合型，小于 0.5 则为城市化主导型，大于 4 则为生态主导型。

(4) 三类功能空间之间的相对关系

当 $P(N)<40\%$时，如果同时满足 $P(E)\geqslant 30\%$、$P(P)\geqslant 20\%$和 $P(D)\geqslant 10\%$，则该县域为全功能复合型。

2. 绝对比例

如果县域内某一类型的功能空间达到一定的比例，则也可以认为是由某类地域功能主导的类型。当 $P(N)<40\%$时，如果：

$P(E)\geqslant70\%$，则该县域为生态主导型；

$P(P)\geqslant70\%$，则该县域为农业主导型；

$P(D)\geqslant60\%$，则该县域为城市化主导型。

如果 $P(N)\geqslant40\%$，则只需满足 $P(E)\geqslant60\%$就可以判定为生态主导型。事实上到这一步为止，无功能空间比例大于 40%的县域已经判定完毕。

3. 绝对数

我国幅员辽阔，在地理环境以及历史文化因素的共同影响下，县域之间具有十分显著的规模差别。我国平均县域面积约为 3 300 km^2，若不计直辖市，平均县域面积最小的江苏只有 1 007 km^2，最大的新疆则有 16 989 km^2，即新疆的 1 个县在面积上相当于江苏的 17 个县。而单个县域之间的面积差异则更大，面积最大的新疆若羌县，其面积与吉林省相当，与面积最小的山东长海县相比是其 2 800 多倍。

而在县域面积相差较大的同时，各县拥有的城市化空间面积差别和管辖的人口差别却并没有那么悬殊，因此各类功能空间的相对比例与县域大小是相关的。越是面积大的县域，其生态空间和无功能空间的比例越高，其他地域功能所发挥的真实作用就会被功能空间之间的相对比例所掩盖。因此笔者将农业空间和城市化空间的绝对面积也作为判定地域功能组合类型的依据。

具体标准是，对于被判定为生态主导型或生态—城市化复合型的县域，如果其农业空间的面积大于 2 000 km^2，则分别更改为生态—农业复合型或全功能复合型；对于被判定为生态主导型、农业主导型或生态—农业复合型的县域，如果其城市化空间的面积大于 200 km^2，则分别更改为生态—城市化复合型、农业—城市化复合型或全功能复合型。

3.3.2 我国县域单元的功能空间组合态势

根据判定结果(表 3.7)，在我国功能主导型县域共有 1 629 个，占县域总数的 68.45%，两倍于功能复合型县域。其中生态主导型县域最多，县域数量和面积都大约是全国的半数，这类县域三类空间的平均比例约为 9∶1∶0，大多分布于南方、西北、东北以及青藏高原的少数地区，其中云南、贵州、广西等省区的绝大多数县域都属于这一类型；其次是生态—农业复合型县域，共有

430 个，这类县域三类空间的平均比例约为 6∶4∶0，主要分布在长江中下游平原、四川盆地、东北平原外缘、关中地区和华南地区等粮食主产区和青海、西藏、新疆等牧区；再次为农业主导型县域，共有 295 个，主要分布在东北平原、华北平原和内蒙古牧区，这类县域三类空间的平均比例约为 2∶8∶0；城市化主导型县域则有 172 个，主要分布在中东部各大城市群地区，三类空间的平均比例约为 1.5∶0.5∶8。此外，农业—城市化复合型县域有 83 个，主要分布在平原地区的城市群外围地区，三类空间的平均比例约为 1∶5∶4；生态—城市化复合型县域有 142 个，绝大多数分布在东部基岩海岸区、河流中游地区和部分大都市周边地区，三类空间的平均比例约为 6∶1∶3；全功能复合型县域有 96 个，主要分布在山地丘陵地区，三类空间的平均比例约为 4.5∶3.5∶2（图 3.10）。

表 3.7 我国县域单元的功能空间组合类型统计

功能空间组合类型	县域数		面积		各类功能空间比例			
	（个）	比重	（10^4 km^2）	比重	无功能空间	生态空间	农业空间	发展空间
生态主导型	1 130	47.48%	444.58	47.01%	4.60%	84.64%	10.37%	0.39%
生态主导型*	32	1.34%	73.26	7.75%	63.32%	27.81%	8.78%	0.10%
农业主导型	295	12.39%	81.62	8.63%	2.62%	15.75%	80.07%	1.56%
城市化主导型	172	7.23%	15.98	1.69%	3.68%	12.68%	6.17%	77.47%
生态—农业复合型	424	17.82%	244.15	25.82%	7.05%	49.92%	42.57%	0.46%
生态—农业复合型*	6	0.25%	32.28	3.41%	49.74%	31.95%	18.29%	0.02%
生态—城市化复合型	142	5.97%	26.01	2.75%	4.57%	61.30%	7.14%	27.00%
农业—城市化复合型	83	3.49%	10.66	1.13%	2.33%	8.97%	50.69%	38.01%
全功能复合型	96	4.03%	17.10	1.81%	4.01%	40.86%	33.79%	21.33%

* 代表该类别含大量无功能空间。

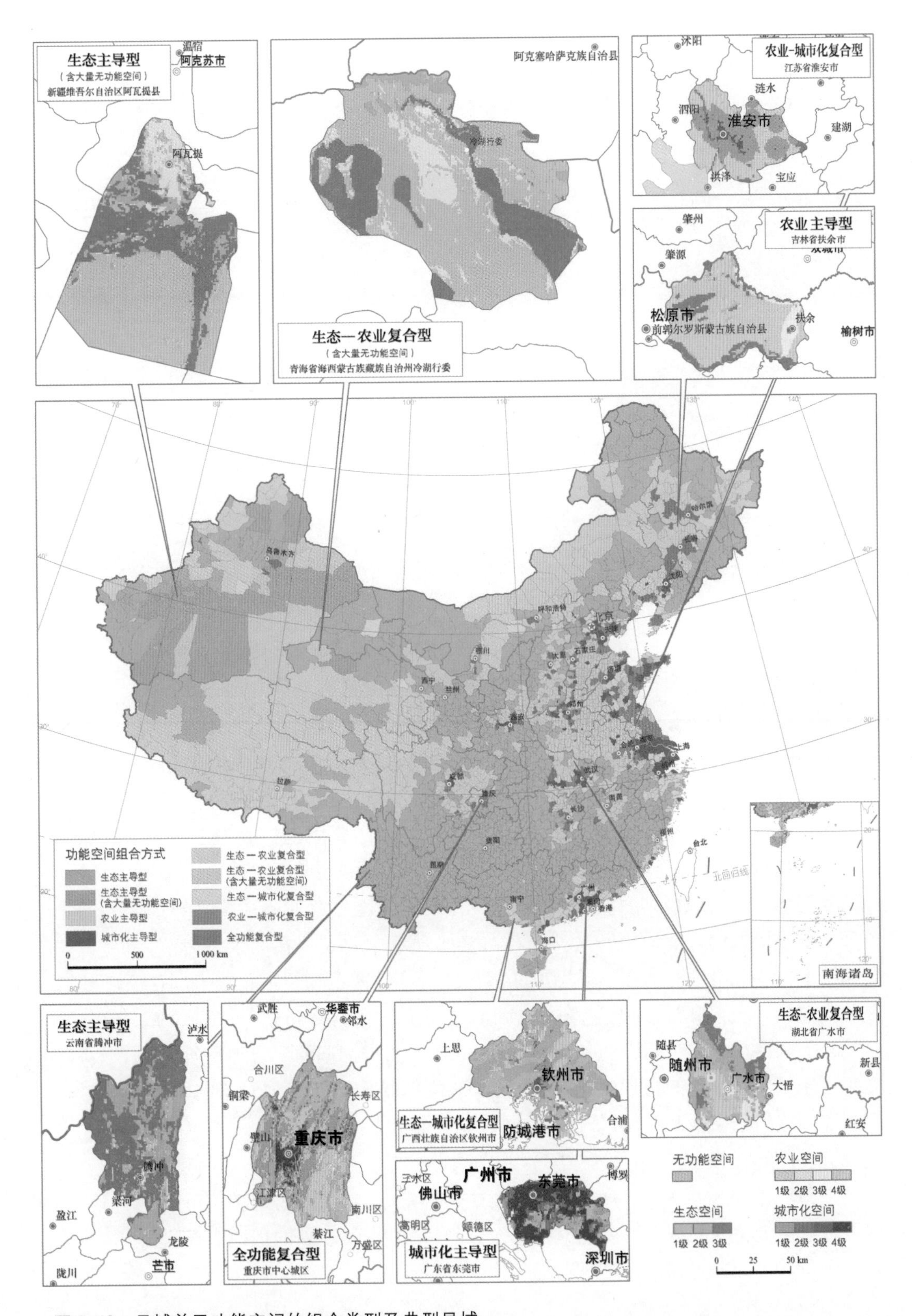

图 3.10　县域单元功能空间的组合类型及典型县域

4 中小尺度地域功能组织和功能分区的工作框架

当前我国正着手建立国家空间规划体系，其中最关间的环节就是在基层实现空间规划“多规合一”。在中小尺度全面整合各级各类空间规划，就是要使上下层级规划相衔接、部门间和区域间的规划相协调。在这个过程中，作为核心调控手段的空间功能分区具有非常关键的作用。地域功能空间组织理论在全国尺度上的实践已经在实施主体功能区规划战略、支撑大尺度国土空间规划方面体现出了重要的应用价值，其在中小尺度上的应用也将成为市县层级空间规划及其“多规合一”工作的关键。

从当前县（市）域规划的实践中能够看出，功能分区方案的不衔接是导致空间规划不协调的重要原因。这种不相衔接的现象主要表现在两个方面：一是由于上下层级空间分区在指导思想、区划尺度、分类体系和技术路线上都存在较大差异，使得基层规划通过空间分区形成的土地利用格局与上位规划确定的功能区格局相脱节，其空间结构也与上位规划的指标调控要求不尽符合；二是由于基层各项空间规划缺乏顶层设计，造成不同的空间规划对于同一规划对象的规划结果各不相同，各自的空间区划方案相冲突（樊杰等，2014）。因此，功能分区可以成为中小尺度空间规划“多规合一”的一个突破口，以一套顶层的空间功能分区方案为纽带实现上下级规划相衔接、部门间规划相协调，使之既能承接上位空间规划的功能分区，又能指导基层空间规划的用地布局，进而实现市县层面的空间布局“多规合一”。

4.1 中小尺度功能分区的工作重点

4.1.1 市县空间规划在我国空间规划体系中的地位

我国着手研究建立国家空间规划体系的想法由来已久。过去位居我国国家规划体系顶端的是国民经济和社会发展计划(即五年计划),至 2015 年已经实施了 12 部。但是该计划具有强烈的计划经济色彩,且内容并没有得到空间的落实,因此对全国国土开发的指导意义是不足的。改革开放以来,经济成长过程中的环境和资源问题已经初露端倪,与此同时,旧有的计划经济体制已无法承担新时期的国土整治任务,因此政府开始尝试建立起现代的空间规划体系。

1981 年,我国提出了国土开发整治的任务,具体内容包括资源的合理利用、大规模改造自然工程的论证、建设布局、基础设施布局和环境治理。之后,我国政府和学界就国土空间规划问题开展了长达近 20 年的前期研究,并在一些地方进行了试验,但正式的国土空间规划工作一直没有开展。

由于五年计划的自身缺陷,加之国土空间规划长期无法出台,过去对我国全国性国土开发进行部署主要依靠以下一些规划或战略:①基于大区域的发展战略。自 1990 年代至今陆续出台了东部地区率先发展、西部大开发、中部崛起、振兴东北老工业基地等四项区域发展战略,但是这种以大区域为载体的发展战略既忽视了区域内部的巨大差异,也没有注意到区域之间的共性,因此作用相对有限。②全国城镇体系规划。该规划为全国的城市化发展做出了总体空间结构的设计和分地区的部署,但是只能局限于城市化开发的部分,对于资源环境、生态保护、产业发展等环节没有涉及。③全国土地利用总体规划。该规划提出了全国性的土地利用战略,为各种国土开发行为提供了调控依据,但是规划内容仅局限于土地,且以指标控制为主,较少落实到空间。

进入 21 世纪,编制全国性的国土空间规划、建立国家空间规划体系的必要性越来越高,时机也逐渐成熟。2005 年底,“十一五”规划中首次将“推进形成主体功能区”作为我国重大的区域发展战略,之后按照国务院部署,于 2007 年开始编制国家级和省级主体功能区规划。2010 年,国务院通过并发布了《全国主体功能区规划》,并在“十二五”规划中正式提出实施主体功能区战略,标志着我国第一部国家层面的国土空间规划正式实施。该规划不仅通过划分国家层面的各类主体功能区来构建我国国土空间开发格局的布局总图、对省级主体功能区规划工作提出要求，还明确提出要“通过市县功能区划分落实主体功能定位和开发强度的要求”。因此，一套涵盖从国家—省—市县三个层级的空间规划序列初步成形，以此为核心的国家空间规划体系也初露端倪。

主体功能区战略实施后，主体功能区规划、国民经济和社会发展规划成为我国规划体系中具有最高指导功能的规划，而其中主体功能区规划是空间领域的最高空间规划。主体功能区规划从以下 3 个方面承担最高层级空间规划的作用：

1. 确定国土空间结构

国土空间结构是全国区域发展的基本空间框架，国家和各地区未来的区域发展方向、国土开发模式、各项事业建设以及国土空间相关的各项规划目标的确定都与国土空间结构有关。在主体功能区规划中，必须就国土空间结构相关的各类问题做出宏观的规划安排。确定国土空间结构主要包括以下一些工作：

——设计空间开发格局，包括提出城市化战略格局，确定主要的大城市群、人口产业集聚区以及国土开发轴线，形成点、线、面相结合的国土开发战略总图；确定重要的农牧产品产区以及各产区的主要农产品种类，形成区、带结合的农业发展战略总图；明确重要的生态屏障和重要生态功能区，确定需要重点保护的生态安全战略格局。

——确定国土空间开发的规划指标，包括总量指标(城市空间面积、农村居民点面积、耕地保有量、草地面积、林地面积等)、结构性指标(国土开发强度、森林覆盖率等)以及效率相关指标(人口密度、单位土地生产总值产出、农产品单产、单位生态空间提供生态产品的能力、大气环境质量、水环境质量等)。

——提出有关区域发展协调性的规划目标，包括区域间居民收入水平的差距、城乡收入差距、扣除成本因素后的人均财政支出差距、基本公共服务均等化程度。

2. 划分各类主体功能区

划分各类主体功能区(即主体功能区划)是主体功能区规划的核心任务，也是一切规划内容的落脚点。主体功能区划必须在规划提出的国土空间结构的指导下通过科学的国土空间综合评价来完成。划分主体功能区分为国家和省级两个层面来完成，国家和省级主体功能区规划分别承担不同的区划任务。

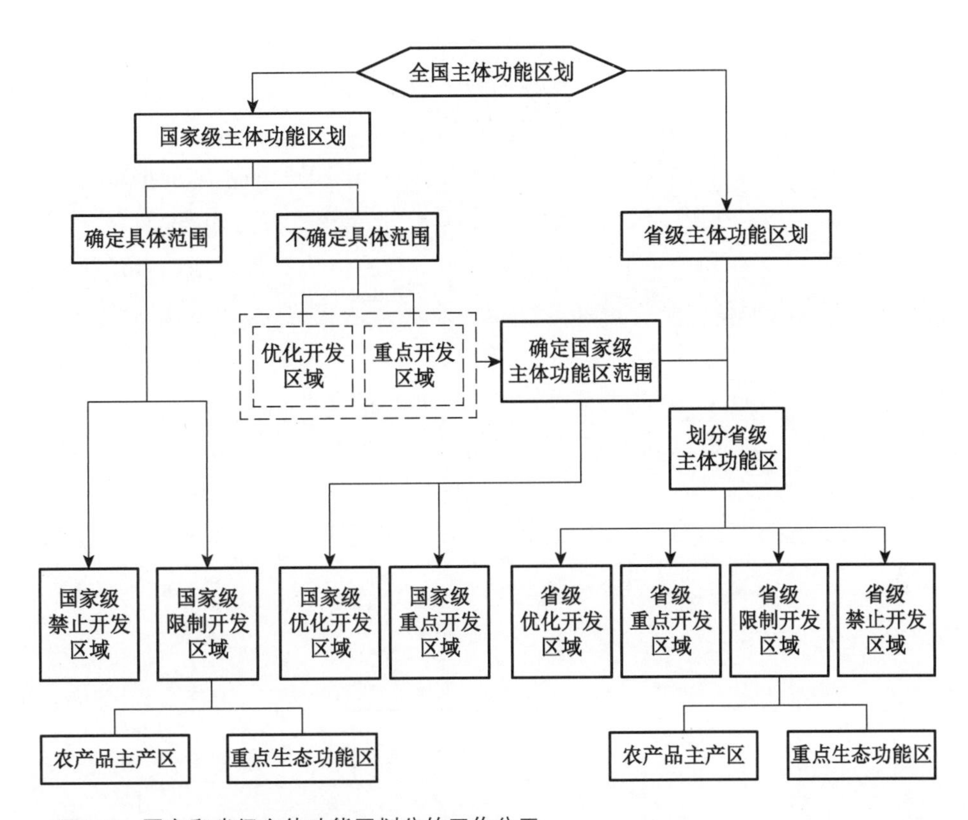

图 4.1 国家和省级主体功能区划分的工作分工

国家主体功能区规划负责划分国家限制开发区域和国家禁止开发区域，并指定国家优化开发区域和国家重点开发区域的名录；省级主体功能区规划负责根据国家公布的国家优化和重点开发区域的名录确定本省区域内(如有)国家优化和重点开发区域的具体范围，并将未被划分为国家各类主体功能区的区域划分为省级各类主体功能区(图 4.1)。

在区划单元上，除禁止开发区域按照实际边界进行划分、限制开发区域内的重点生态功能区按自然边界进行划分(之后归并入行政单元)，其他各类主体功能区基本原则上以县级行政区为基本划分单元。西部地区部分面积较大、内部功能分异较明显的县域，可以根据实际情况在县域内划分限制开发的农产品主产区或重点生态功能区。

3. 制定规划实施的政策体系

主体功能区规划是涉及国土空间开发的各项政策及其制度安排的基础平

台，为保证规划的实施需要各有关部门调整和完善现行的行政政策和制度安排，建立健全保障形成主体功能区布局的政策体系。

因此，主体功能区规划居于空间规划体系的核心位置。从横向角度，主体功能区规划是土地利用规划、城乡规划以及其他部门规划的基本依据；从纵向角度，主体功能区规划对区域规划的编制具有指导和约束功能，进而对城市、村镇尺度的各类规划产生影响；市县层级不编制主体功能区规划，但市域空间规划和县域空间规划与主体功能区规划属同一规划序列，是市县层级的最高空间规划（图 4.2）。

在这样的空间规划体系中，市县空间规划的地位非常关键。一方面，过去我国在市县层级只有住建规划、国土资源、发展改革等各部门主导的空间规划，没有统一的空间规划，市县空间规划填补了这个空白；另一方面，在全国和各省主体功能区规划实施后，基层亟须相应的规划工具来落实上层位空间规

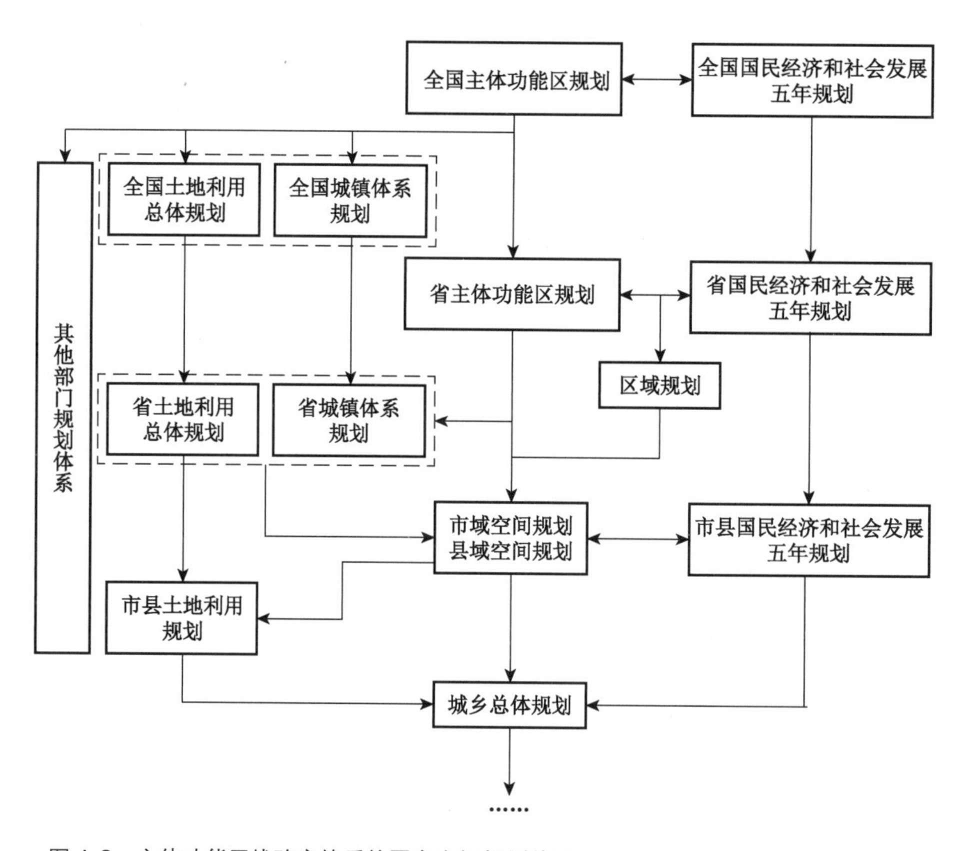

图 4.2 主体功能区战略实施后的国家空间规划体系

划提出的要求，市县空间规划则承担了这个角色。因此，市县空间规划是我国空间规划体系中在中小尺度上的核心，既对基层各部门空间规划起到统领作用，也是国家和省一级空间规划向基层的延伸。

4.1.2 “多规合一”对中小尺度功能分区的要求

当前市县层级各部门空间规划中的各种功能分区工作对于指导各自的规划实践具有重要的意义，但从“多规合一”的要求出发，功能分区的各自为政不可避免地会造成方案的冲突，影响空间管治的效率。因此，有效地整合各类国土空间功能分区工作，实现分区方案之间的协调，是市县层级空间规划“多规合一”的客观需求。

首先，在市县层级协调国土空间功能分区需要顶层设计。“多规合一”的关键在于“一本规划”与“一张蓝图”。一份顶层的国土空间功能区划方案要能起到“一张蓝图”的作用，必须有“一本规划”作为保障。在市县层级的多规融合过程中，有必要依托一部顶层空间规划来提出一套顶层的国土空间功能区划方案，并保障该方案对于国土空间布局的指导性作用。在市县空间规划还没有大规模编制的背景下，各地在规划实践中也尝试过以市(县)域发展总体规划、发展战略规划、城乡一体化规划等作为顶层空间规划的实施路径，取得了积极的效果。在这个过程中，需要明确顶层空间规划的编制内容和地位，确定该规划与其他空间规划之间的工作分工，并有市(县)一级政府牵头建立多部门参与的协调机制，保障“一本规划”的权威性与“一张蓝图”的有效性。

其次，功能分区需要更加科学的理论基础和应用方法。在“多规合一”的框架下，顶层的国土空间功能分区方案的作用是统领、协调部门空间规划布局，属于综合性的功能区划，因此地理学中关于地域功能空间组织方面的理论具有更好的指导意义，需要在此基础上合理地制定功能分区的技术路线，通过充分把握本地区功能空间分异的客观规律、探索影响功能格局演变的因素和机制来找出优化市县国土空间结构的有效路径。

最后，功能分区方案必须与规划实践紧密结合。顶层功能分区方案作为“一张蓝图”的核心，可实施性非常重要，因此该方案必须预留与各部门空间规划进行衔接的接口。在实际的规划实践中，土地利用规划、城乡总体规划、生态规划等空间规划在确定基本农田保护范围、城市增长边界、生态红线等方面发挥了重要的作用，功能分区需要建立起与之对接的机制。与此同时，功能区的分类体系也要与各部门空间规划的用地分类体系相衔接，使分区方案能够成为基层空间规划的“最大公约数”。

4.1.3 中小尺度功能分区的工作任务

综上所述，中小尺度功能分区的主要工作任务包括以下三个部分。

1. 确定县(市)域国土空间结构

确定县(市)域国土空间结构是市县空间规划的核心任务，而它主要需要通过功能分区来实现。功能分区可以通过不同类型功能区的空间组合，将县(市)域的空间开发格局以功能格局的形式体现出来。包括以城镇化发展区的空间结构来反映该地区的城市化战略格局，将区域内主要的城镇、人口产业集聚区以及国土开发轴线体现出来；以农业功能区的空间结构将重要的农牧产品产区、农牧产业带体现出来；以生态区和生态斑块反映重要的生态屏障和生态安全战略格局，确定需要重点保护的重要生态功能区。

2. 落实主体功能定位

市县空间规划作为国家和省级主体功能区规划的延伸，需要将主体功能区规划提出的主体功能定位通过市县空间发展体现出来。由于主体功能定位是以市县为基础单元的，也就是说每一个市县只有一个主体功能定位，因此对主体功能定位的落实要通过市县内部的功能空间结构和发展效果来体现。首先，要通过市县内部的功能分区来落实上位空间规划提出的各类约束性指标，特别是各类用地的总量指标，以及开发强度等各类结构性指标；其次，要通过市县功能分区形成与主体功能定位相适应的空间结构，确保市县内部功能结构的效益产出符合主体功能定位的要求；此外，还要通过市县功能分区实现国土空间格局的跨区域协调，如上位空间规划提出的一些区域性功能区需要在各自县市内部各自划定后形成真正空间连续、有实体空间范围、便于管制的实际功能区。

3. 协调部门空间规划

市县空间规划要起到促进空间规划“多规合一”的作用，这就要求市县功能分区能够为土地利用规划、城乡规划以及各部门空间规划中的空间分区起到控制与协调作用。市县功能分区主要起到承上启下的作用，而部门空间规划的空间分区则起到具体细化的作用。空间规划功能分区和部门规划分区各司其职，理顺规划工作的关系，建立一个科学而有效率的功能区管治体系。

4.2 中小尺度功能区的分类

市县层级的功能分区工作既然要承担承上启下的作用，那么确定合理的功能区分类体系就非常重要。一方面，这个分类体系要与大尺度功能分区的分类体系相衔接，这样才能够实现落实上位空间规划的需要；另一方面，它又要与现有的土地利用规划、城乡规划以及各部门规划的空间分类体系相兼容，这样才有助于市县空间功能分区的实施。

4.2.1 与大尺度功能区分类体系的关系

首先，市县层级功能区分类体系必须与主体功能区规划确定的功能区分类体系相衔接，而主体功能分类体系在落实上基本上又是以县域为基本单元，无法直接应用于县域内部。因此，中小尺度功能区分类体系在承接主体功能区分类体系的过程中就存在明显的空间尺度转换问题。

1. 主体功能区分类体系

在主体功能区规划中，按照开发方式将国土空间划分为优化开发区域、重点开发区域、限制开发区域和禁止开发区域 4 类主体功能区。如按开发内容，则可分为城市化地区、农产品主产区和重点生态功能区：优化开发区域和重点开发区域两类主体功能区都是城市化地区，而限制开发区域则可包括农产品主产区和重点生态功能区两类。按层级，则可分为国家和省级两个层面(图 4.3)。

(1) 优化开发区域

优化开发区域是经济比较发达、人口比较密集、开发强度较高、资源环境问题更加突出而应该优化进行工业化城镇化开发的城市化地区。其中，作为提升我国国家竞争力的重要地区主要是指国家层面的优化开发区域。在全国主体功能区规划中，共划分出环渤海地区、长江三角洲地区和珠江三角洲地区等三片国家优化开发区域。这些区域全部位于东部沿海地区，目前已是我国发展最快、集聚能力最强、国际化程度最高的城市群地区。未来这些地区将成

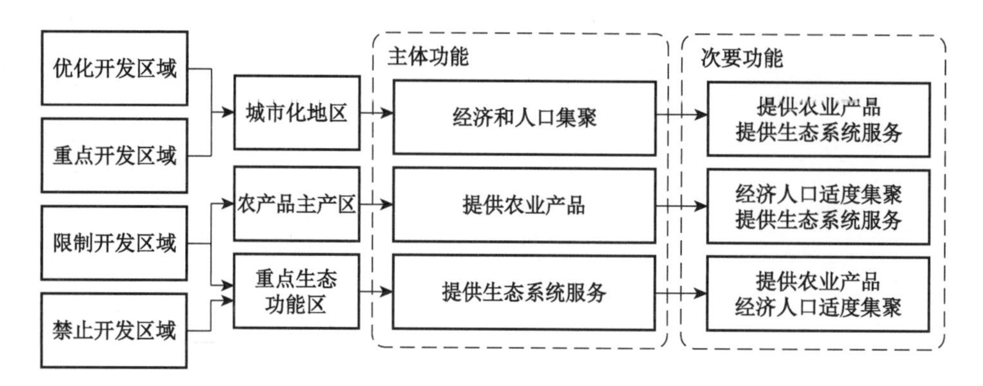

图 4.3 不同类型主体功能区的功能内涵和发展方向

为实现增强我国国家竞争力的战略需要的空间载体，发展成具有全球影响力的重要区域。

优化开发区域的发展方向主要包括两个层面的优化。首先是空间结构的优化。这类地区要控制国土开发规模的进一步扩大，着重于土地利用结构的调整和开发效率的提高，增强区域内城市的集聚能力，提高对人口的承载能力。其次是发展方式的优化。产业结构调整和升级是这类地区的主要发展方向，进一步提升区域创新能力，发展高技术、高附加值、环保的新型产业，将整个区域提升到参与全球分工竞争的层次。

(2) 重点开发区域

重点开发区域是有一定经济基础、资源环境承载能力较强、发展潜力较大、积聚人口和经济的条件较好从而应该重点进行工业化与城镇化开发的城市化地区。重点开发区域是未来支撑区域经济持续增长的重要区域，它们分布在各省经济基础较好、发展潜力较大的地区，其中相当一部分分布在中西部地区，正在形成或有潜力形成城市群的框架。这些区域未来将成为国家和地方引领区域发展的新的增长极，并支撑起国土空间开发的骨架，对全国区域协调发展意义重大。

重点开发区域和优化开发区域一样，都属于城市化地区，开发内容上总体相同，但开发强度和开发方式则有所不同。重点开发区域未来的开放强度要普遍高于优化开发区域，这类区域未来的主要发展方向是扩大城市规模，促进人口集聚，形成现代化的产业体系。因此这一类区域将适度地扩大生产空间，其目的是通过大规模的城市化和工业化发展成为新型的城市群地区，带动各区域尤其是广大中西部地区的区域发展。

(3) 限制开发区域

限制开发区域包括农产品主产区和重点生态功能区两类。

① 农产品主产区

农产品主产区是指耕地较多、农业发展条件较好,尽管也适合工业化与城镇化开发,但从保障国家农产品安全以及全民族永续发展的需要出发,必须把增强农业综合生产能力作为发展的首要任务,从而应该限制进行大规模高强度工业化与城镇化开发的地区。这些地区基本都位于我国传统的农业、牧业地区,对保障全国的粮食、肉类供应具有关键的作用。未来这些地区将形成以大面积永久性耕地、牧草地为基础的农业空间,成为保障农产品安全的关键地区。

农产品主产区未来的开发导向是保护耕地和牧草地,提高农产品供应能力,保障全国和区域的农产品安全。同时依托现有城镇,促进城市化进程,并选择适宜当地情况的产业发展道路,实现城市化和工业化的适度发展。

② 重点生态功能区

重点生态功能区是因生态系统脆弱或生态功能重要、资源环境承载能力较低,不具备大规模高强度工业化与城镇化开发的条件,必须把增强生态产品生产能力作为首要任务,从而应该限制进行大规模高强度工业化与城镇化开发的地区。这些地区所提供的生态产品数量较大,关系全国或较大范围生态安全,需要通过统筹的规划和保护,形成保障国家和区域生态安全的生态屏障。

对于重点生态功能区来说,修复生态、保护环境、提供生态产品是它们的首要任务,要通过生态保护和修复来增强提供水源涵养、水土保持、防风固沙、维护生物多样性等生态产品的能力,同时可以因地制宜地发展资源环境可承载的适宜经济,引导超载人口逐步有序转移。

综合地看,在两类限制开发区域内,大规模城市化和工业化开发都是被严格限制的,但是仍可以通过一定的措施达到基本公共服务均等化的目标,从而实现区域的可持续发展,包括引导人口向区外转移、适度的城市化和产业发展以及跨区域的生态补偿、财政转移支付等二次分配手段。

(4) 禁止开发区域

禁止开发区域是依法设立的各级各类自然文化资源保护区域,以及其他禁止进行工业化与城镇化开发需要特殊保护的重点生态功能区。国家层面的禁止开发区域,包括国家级自然保护区、世界文化自然遗产、国家级风景名胜区、国家森林公园和国家地质公园。省级层面的禁止开发区域,包括省级及以下各级各类自然文化资源保护区域、重要水源地以及其他省级人民政府根据需要确定的禁止开发区域。

禁止开发区域要依据法律法规规定和相关规划实施强制性保护，严格控制人为因素对自然生态和文化自然遗产原真性、完整性的干扰，严禁不符合功能定位的各类开发活动，引导人口逐步有序转移，实现污染物零排放，提高环境质量。

2. 主体功能区分类与地域功能分类的关系

主体功能区规划虽然以地域功能空间组织理论为指导，但考虑到规划实施的缘故，其分类体系与地域功能分类体系并不一一对应。

如前文所述，地域功能分为生态功能、农业功能和发展功能三大基本类型，对应生态空间、农业空间和城市化空间三类基本功能空间。而4类主体功能区类型中，优化开发区域和重点开发区域都对应城市化空间，而限制开发区域同时对应农业空间和生态空间(参见图4.3)。

关于优化开发区域和重点开发区域，按照全国主体功能区规划的要求，优化开发区域既是针对一些经济密集的城市化地区存在过度开发隐患，必须优化发展内涵的迫切要求，更是面对日趋激烈的国际竞争，增强我国国家竞争力的战略需要；而重点开发区域的设立则既是落实区域发展总体战略、拓展发展空间、促进区域协调发展的需要，也是避免经济发展过于依赖少数区域，减轻其人口、资源、环境压力的需要。全国主体功能区规划在阐述这两类主体功能区的区别时表述为：“优化开发区域和重点开发区域都是城市化地区，开发内容相同，开发方式不同。”可见，优化开发和重点开发的功能内涵其实均为三大类基本地域功能中的发展功能，具体地说是“大规模城市化与工业化开发”。加之在实际操作中，优化开发区域往往只在国家级主体功能区划中进行划分，各省基本没有划分优化开发区域，说明这两类主体功能区应当从属同一基本功能空间，而在内部对其含义进行区分。

限制开发区域则被分为开发内容不同的重点生态功能区和农产品主产区两类。可见，针对不同的开发行为，限制开发区域其实具有不同的地域功能，两类区域的目标导向差别很大。综合地看，在限制开发区域内，大规模城市化和工业化开发都是被严格限制的，但是被限制的原因不同，今后的定位也不同。按照这些地区在地域系统中的功能定位，农产品主产区将以农业功能为主要功能，而重点生态功能区将以生态功能为主要功能。

而禁止开发区域虽然是一类主体功能区，但按照基本地域功能的三类区分，禁止开发区域同时包括生态、农业和发展功能，因此这类主体功能区并没有明确的地域功能指向。而且禁止开发区域以点状或实际的自然法定边界为存在形式，与以县域单元为存在形式的其他类型主体功能区有很大不同。

综上所述，主体功能区分类体系的设置从大尺度空间管制的实施效果考量，更多选取了“管制内容”而非地域功能作为分类的主要依据。但尽管如此，优化开发区域、重点开发区域、限制开发区域这三类主体功能区还是与地域功能分类存在较大的对应关系，因此主体功能分区的空间格局也仍然能够体现出我国在大尺度上的地域功能分异态势。

3. 中小尺度功能分类体系与主体功能区分类体系的衔接

通过分析各种类型主体功能区的内涵和尺度，结合中小尺度功能空间组织和功能区划的客观需求，可以总结出中小尺度功能分类体系在与主体功能区分类体系相衔接时需要注意以下三个方面：

（1）中小尺度功能分类体系要与地域功能分类相衔接

由于主体功能区规划的主要任务是针对不同主体功能区采取不同的区域政策和空间管制政策，因此在主体功能区分类体系中更多考虑的是规划实施后配套政策的区分度，所以以“开发方式”作为分类的主要依据，而没有完全按照地域功能分类。然而中小尺度功能分区的主要目的是明确县（市）域内部的国土空间格局，还需要与具体的土地利用分类相衔接，需要明确生态空间、农业空间、城市化空间等三类基本功能空间的空间分布，因此分类体系宜直接体现生态、农业、发展三类基本地域功能，在此基础上再进行进一步细化。

（2）不应采用优化开发、重点开发、限制开发三种主体功能区类型

优化开发区域、重点开发区域和限制开发区域三种主体功能区是以县级行政单元为基本单元的主体功能划分，体现的是市县的功能定位，因此在对市县内部进行功能划分时不可以再使用这三种类型。也就是说，“主体功能”是市县在更大尺度区域空间中发挥的作用，是市县内部多种地域功能中起核心作用的功能，因此它只对县级及以上行政单元有意义；在市县内部只有“地域功能”，其与主体功能的衔接是通过各地域功能的数量组成、空间结构等关系体现出来的。

（3）禁止开发区域应纳入中小尺度功能分类

禁止开发区域与其他三类主体功能区相比有明显的特殊性，它的划分是根据国家对于禁止开发区域的定义进行确定。应当划分为禁止开发区域的地域包括自然生态极其重要的地区（如自然保护区、森林公园等）、历史文化价值极高的地区（如重点文物保护单位）、景观价值极高的地区（如风景名胜区、地质公园等）、灾害调控的重要地区（如蓄滞洪区）、生活基本物资的重要保障区（基本农田、水源地）等。可以看出，这类地区虽然其内涵、形式和空间尺度都大相径庭，但都具有一个相同点就是法律法规对于这类空间管制的刚性约束。因此，这一

类地区是直接对应基层的空间管制的，理应纳入市县内部功能分区的分类体系。与此同时，禁止开发区域的空间尺度小于其他三类主体功能区，不仅仅是大多数禁止开发区域面积较小、镶嵌于其他三类主体功能区的内部，更重要的是它具有明确的边界，在空间尺度上与土地利用类型更接近。从这个角度来看，在中小尺度功能分类中纳入禁止开发区域在空间尺度和精度上也是没有问题的。

4.2.2 市县空间规划中的功能区分类体系

对于市县空间规划而言，上位空间规划以主体功能区规划为核心，其空间分区的方式大多是将国土空间划分为若干功能区，其目标导向是便于实施差别化的区域政策；下位空间规划以城市(镇)规划、土地利用规划和各部门专项规划为代表，其空间分区则是按照法定的空间管制要求将国土空间划分为各种均质区(如土地利用分类)。县域空间功能分区方案需要体现承上启下的作用，就是要将区域规划的"功能区"空间格局与基层空间规划的"均质区"空间格局衔接起来。从这个角度出发，中小尺度空间功能分区应该是对上位功能区划方案的细化，其本质仍然是划分功能区，但同时需要与城乡用地分类和土地利用分类标准相衔接。

上文已经提到，中小尺度功能分类体系要与地域功能分类相衔接，同时应将主体功能区分类中的禁止开发区域纳入进来。因此，市县空间规划中的功能区分类体系可以分为四个大类；在大类之下，根据各地区地域功能空间结构的实际情况以及规划的空间管制要求的不同，可以再分为若干小类。

(1) 城镇化发展区。这一类功能区对应基本地域功能中的"发展功能"，一般具有较好发展潜力和开发条件，是承载城市化和工业化开发的核心空间，满足人口和产业集聚的空间需求。城镇化发展区向下可以与城镇发展边界、城市建设用地相衔接。

(2) 农产品主产区。这一类功能区对应基本地域功能中的"农业功能"，一般具备较好的农业生产条件，对市县乃至区域粮食供应安全具有重大意义，其主要功能是提供各类农副产品，同时也满足农村居民居住生活的用地需求。农产品主产区向下可以与农用地等用地类型相衔接。

(3) 生态功能区。这一类功能区对应基本地域功能中的"生态功能"，是以保持并提高生态系统服务能力为主要功能的国土空间。由于其生态系统十分重要，关系到全县乃至区域生态安全，在国土空间开发中应该以保护为主。生态功能区向下可以与生态用地、生态斑块、生态区相衔接。

(4) 禁止开发区域。这一类功能区与主体功能区规划中的"禁止开发区域"内涵一致,包括有代表性的自然生态系统、珍稀野生动植物物种的天然集中分布地、有特殊价值的自然遗迹所在地和文化遗址等,需要在国土空间开发中完全禁止工业化和城镇化开发。禁止开发区域一般将全国和省级主体功能区规划中划定的国家级、省级禁止开发区域完全包含进来,同时可以根据实际保护需要以及法律法规规定划定市县层级的禁止开发区域。禁止开发区域向下可以与生态红线、永久基本农田保护线、城乡建设禁建区以及各类部门空间规划的管制范围相衔接。

根据这一分类体系,上位规划确定的空间结构、管制分区和调控指标可以得到较好的承接。另一方面,该分类体系为各部门空间规划所需要划分的功能区与用地类型预留了接口,有条件实现功能分区方案与各部门空间规划方案的转换,从而促进多种规划之间的相互融合(图 4.4)。

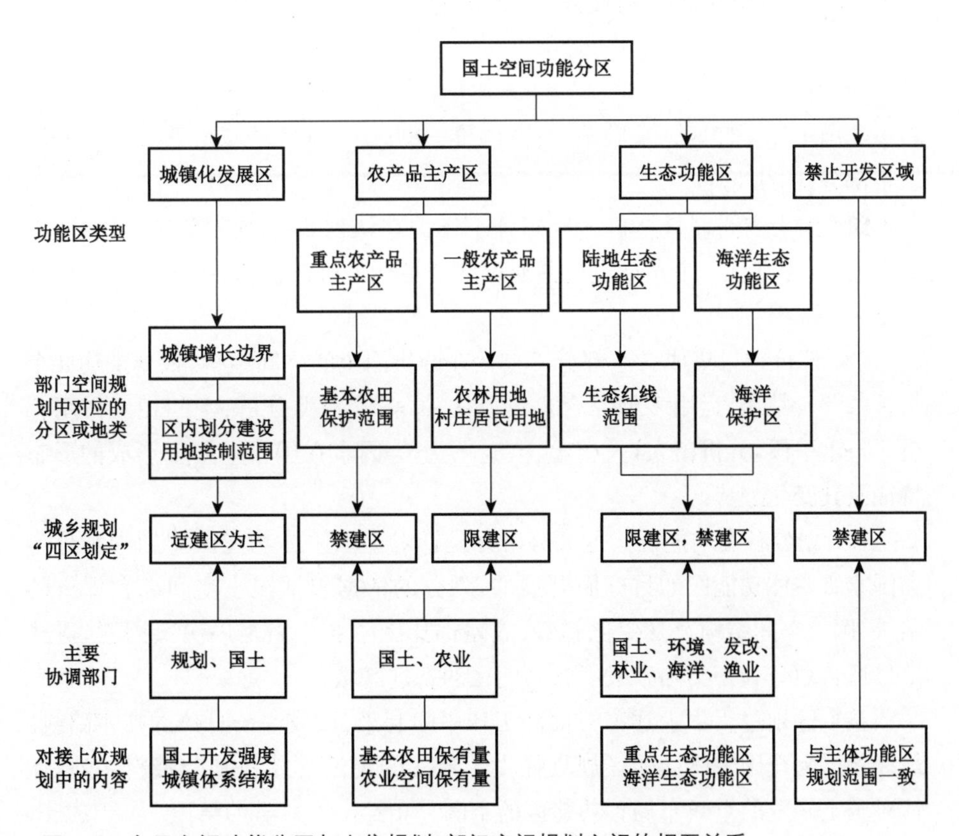

图 4.4 市县空间功能分区与上位规划、部门空间规划之间的相互关系

4.3 市县空间功能分区的技术路线

作为协调基层空间规划的顶层分区方案，市县空间功能分区必须有详尽的、科学的分析评价作为依据。在全国主体功能区划等大尺度综合空间区划的工作中，“评价—集成—分区”的技术路线得到了广泛的采用，对于市县空间功能分区来说，该技术路线也有一定的借鉴意义，但具体工作过程中也要根据中小尺度空间组织的基本原理和功能分区的工作性质选择最合适的技术路线。

4.3.1 主体功能区划技术路线概述

1. 技术路线框架

全国主体功能区划采取了一种“评价—集成—分区”的技术路线。它分为三个部分(图 4.5)：

(1) 国土空间综合评价。这部分工作旨在认识我国国土空间的现状、趋势和问题，分别从 3 个角度进行并通过 9 个指标进行评价，得出了单项指标评价结果。

(2) 评价结果集成。这部分工作旨在分析国土的空间结构，根据上述 9 个指标的评价结果，运用多种综合集成方法，并辅以聚类分析、空间相互作用分析等技术手段，分析出人口、产业、土地、生态等因素在国土空间上形成的形态特征及其变化趋势。

(3) 划分各类功能区。这部分研究是针对全国主体功能区规划中划分各类国家级主体功能区的目标而开展的，划分的依据包括国土空间综合评价的结果、国土空间结构及其变化趋势、战略选择因子和少量辅助决策因素，遴选出最适合划分为各类国家级主体功能区的备选区域。

整个区划过程由上述三方面的工作串联起来，形成一个总体的技术路线。最终除了为全国主体功能区规划提供了翔实的理论支撑和基础资料之外，还针对国土开发的空间布局和功能区的空间分布给出了科学的结论。

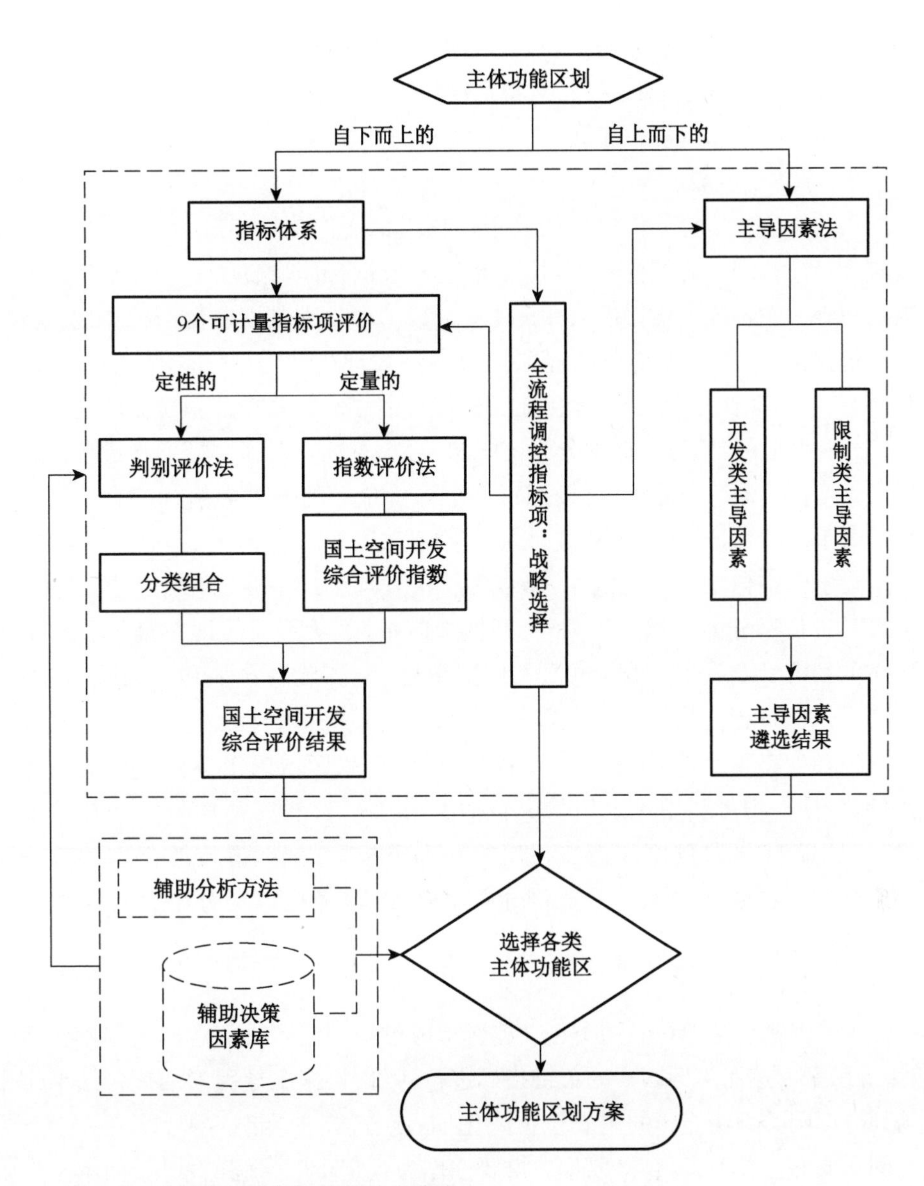

图4.5 全国主体功能区划的技术路线

2. 区划技术方法

大尺度功能区划一般存在指数评价法、主导因素法和辅助方法三大方法体系，各种方法都对区划结果的形成产生作用。从区划原理上，这些区划方法很好地体现了地域功能生成机制，在全国主体功能区规划中，这三类方法的作用是明显的。三类区划方法中，指数评价法一般用于国土空间综合评价中的指标项计算，主导因素法往往针对特定区划意图得出备选方案，而辅助方法则一般在最终决策的过程中起到一定的作用。

(1) 指数评价法

指数评价法是将评价单元的若干单项指标评价结果归一为标准化指数，再进行定性和定量的综合分析，获取国土空间综合评价格局，并在此基础上形成功能分区的备选方案。指数评价法又分数值评价和判别评价两种类型。数值评价旨在将各单项指标评价结果通过各种数理统计模型(最简单如加权求和)构造一个综合型指数，以量化地反映每一个评价单元在某一功能序列中的指向性；判别评价则将指标项分为不同的类型，通过一系列模糊评判过程形成每一类指标项的综合分级，再按照每一个评价单元的各大类指标综合分级组合方式予以归类，这种方法又称为"矩阵判定法"。

在全国主体功能区规划中，指数评价法发挥了最主要的作用。规划将9个可计量指标分为三类：第一类是开发指向指标，从不同的视角刻画了一个区域的经济社会发展状况，包括人口集聚度、经济发展水平和交通优势度；第二类是保护指向指标，反映区域生态系统需要保护的程度，包括生态系统脆弱性和生态重要性；第三类是支撑性指标，反映区域国土空间开发的支撑条件，包括人均可利用土地资源、可利用水资源、自然灾害危险性和环境容量。规划首先采取数值评价法得出每一大类指标得分，再按照判别评价法得出每一个县域三大类指标项得分的组合方式，最终以得分组合方式作为区划的主要依据。

(2) 主导因素法

主导因素法是把在不同类型功能区形成过程中起到决定意义的因素作为"主导因素"，按照主导因素的关键指标进行评价，根据主导因素的评价结果作为划分不同类型功能区的主要依据。比如，该方法将"生态重要性"视为生态空间形成的主导因素，直接以生态重要性作为判定生态空间的依据，而不考虑其他因素的影响。可以看出，主导因素法注重功能区形成过程中的发生学原理，划分功能区的依据更加直接。

在全国主体功能区规划中，主导因素法也发挥了一定的作用。工作过程中按照不同主体功能类型分别选取了决定该类型主体功能区形成的主导因素，按照关键指标项的评价结果，结合分析其他指标项的影响，划分优化开发、重点开发区域以及限制开发的重点生态功能区、农产品主产区，得到区划的备选方案。如优化和重点开发区域考虑核心城市的规模和影响力、人口产业集聚水平等，限制开发的重点生态功能区考虑重点生态环境问题、生态服务能力等，限制开发的农产品主产区考虑产量、耕地资源等。根据每一类主动因素评价得出每一类主体功能区的备选方案，进入最终决策。

(3) 辅助分析法

辅助分析法往往是一个对决策过程起到辅助作用的方法群，当在区划决策时遇到某些具体因素难以确定时，则根据该具体因素对评价结果近似的区划单元加以区分。辅助分析法既可以运用在最终方案的决策过程中，也可以运用在评价和集成的中间过程。在全国主体功能区规划中，采用的辅助分析法大致包括计量分析方法（如聚类分析法等）、遥感分析方法（如城市灯光指数分析等）和空间分析方法（如城市相互作用分析等）三类。该方法群中还包括一个辅助决策因素库，用于在最终决策过程中否决某些区划方案的依据，如地下水超采、酸雨等。

3. 三类技术方法在主体功能区划中的应用效果和评价

通过在国家级和省级主体功能区划中的实践，该技术路线基本取得了设想的效果，但通过暴露出的一些问题则可以发现该流程的个别环节在原理和应用上仍存在一些不足之处。

首先是三大方法体系并不对等。指数评价法对于最终的方案形成起到了最大的作用，主导因素法也起到了一定的作用，但主要还仅限于农产品主产区的选择，这恰恰是指数评价法无法实现的，而辅助分析方法几乎没有发挥很好的作用。事实上，区划的原则应当是综合性与主导因素并重，所以至少指数评价和主导因素评价应当起到同等的作用。之所以造成指数评价法和主导因素法在应用上不对等的状况，是因为在主体功能区划开始之初忽略了农业功能的重要性，将地域功能简单地理解为开发和保护，这样就将基本地域功能的三维指向简化成了开发和保护的二维指向。在这个背景下设计的指数评价方法其实就是主导因素评价的另一种表现形式，即用第一类指标作为开发指向的主导因素，第二类指标作为保护指向的主导因素，因此它对于识别开发类和保护类的主体功能区效果非常明显，但是对介于两者之间的地域单元则束手无策。直到后来主体功能区划增加了农业类型区域，弥补了二维开发导向的不足，然而却没有适用于识别农业类型功能区的指标，因此主导因素法在这方面的作用才凸现出来。因此在这一套技术路线中，指数评价法和主导因素法的联系并不系统，而是随着目标导向的改变逐渐完善的产物，两种方法都需要进一步的调整。

其次，作为在区划中作用最大的指数分析法，对于指标项所指代的各因素对地域功能的形成机制表现得还显不足。主要体现在：①三类指标的划分中，开发类和保护类其实是表征发展功能和生态功能的主导因素，其因子影响强度明显高于支撑类指标。这样势必造成两个后果：一是过度夸大支撑类指标而扰乱全局判断；二是为了保证综合评价的结果而削弱支撑类指标应有的作用。②无论是判别评价法还是数值分析法，最终都是选择保证开发类和保护类指标的影响强度，从而使得4项支撑类指标在综合评价中几乎无足轻重，而事实上它们对地域功能分类有重要影响，只是它们的影响机制并没有在方法中被体现出来。③对于开发类、保护类和支撑类三大综合测度的形成机制没有得到系统的研究，三类指标综合值的算法和逻辑判断式均没有严格按照发生机制进行推理。基于上述三大问题，指数分析法的实质已经演变成了一个模糊的生态功能和发展功能的主导因素分析，这个事实决定了该方法只能解决有限的问题，即针对最明显的生态功能和发展功能分异格局进行识别，稍有复杂则大受限制。

4.3.2 中小尺度功能分区适宜采用的技术路线

通过上文的分析，可以看出全国主体功能区划的技术路线在实践中取得了较大的成功，对于市县空间规划功能分区具有很好的借鉴意义。但其中存在的一些问题也需要在中小尺度的工作中结合功能分区的具体要求进行改进。基于此，可以得出以下三点结论：

1. “评价—集成—分区”的技术框架应予以贯彻

全国主体功能区规划提出的以“评价—集成—分区”为核心的技术路线继承了综合区划的传统，也为地域功能区划提供了一个很好的范式。该技术框架的优点在于它对于区划方案的科学性和可操作性起到了保障。以国土空间综合评价为核心的评价过程能够综合全面地揭示地域系统功能适宜性的空间分异，为区划工作提供了扎实的数据和资料支撑；综合集成过程基于地域系统功能空间组织理论，有利于科学地判读综合评价结果，提高指标项评价结果向区划方案转变过程的合理性；得出区划方案的过程将客观评价与主观判断结合起来，并且运用多种决策模式，确保了区划方案的科学合理。因此这一技术范式有科学的理论方法作为指导，全面涵盖国土空间的各大子系统，能够起到摸清家底、刻画格局、找出问题、判断趋势的作用，应当在中小尺度的功能区划工作中予以贯彻。

2. 评价方法应以主导因素法为核心

通过三大类技术方法在全国主体功能区划的实际应用效果可以看出，主导因素法除了在指数评价法无能为力的农业类功能区识别上有所作为以外，对于识别优化和重点开发区域以及限制开发的重点生态功能区上没有起到独特的作用。这其中一个关键的问题是，指标体系并不应该为指数评价法所专用，而应当被用于主导因素法，比如在全国主体功能区划的 9 个指标项中，人口集聚度、经济发展水平和交通优势度应当作为发展功能的主导因素，生态系统脆弱性和生态重要性应当作为生态功能的主导因素，并且补充新的指标作为农业功能的主导因素，而剩下来的 4 个支撑类指标则应该作为独立的工作，在综合集成的过程中起到辅助分析的作用。因此，识别各类基本地域功能实际上应当由主导因素法来解决，特别是前文提到的中小尺度功能区分类体系要以地域功能基本类型为核心，在这样的区划过程中主导因素法必将起到更大的作用。

3. 区划方案的集成过程需要更加完善

全国主体功能区划的技术路线还有一个欠缺，即没有一个明确的方法来解决由各种方法得出的备选方案集成为最终方案的过程。在实践中，根据每一种方法得出的备选方案都不是完美的，存在各自的问题。而为了寻求一个“完美”的方案，最后的集成过程往往演变成经验主义的判断。而中小尺度功能分区作为市县空间规划的核心组成部分，区划方案不仅要保证科学性，更要在实施上具有可操作性，因此决策过程必将更加复杂。对此，中小尺度功能区划在方案集成环节一方面要形成一套科学的方案集成流程，建立辅助决策指标库；另一方面，在方案形成过程中要充分吸纳各部门的意见，保持一定的规划弹性，为基层空间规划预留接口，使分区方案能够成为基层空间规划的“最大公约数”。

综上所述，中小尺度功能分区工作仍应采取“评价—集成—分区”的技术框架。首先展开国土空间综合评价工作，充分揭示县(市)域地域功能适宜性的空间分异，之后在科学评价的基础上结合多方意见得出空间功能分区方案(图 4.6)。具体的步骤是：

(1) 根据地域功能的形成机理构建国土空间综合评价的指标体系。

(2) 以指标项评价结果为基础，根据“主导因素”原则进行地域功能适宜性判定，得出县(市)域国土空间针对不同地域功能的适宜性空间分异格局。

(3) 综合考虑国土空间综合评价结果、上位规划对县(市)域国土空间结构的约束性要求以及地方发展、基层空间规划的客观需求,形成空间功能分区方案,提出相应的管制要求以及与城乡规划、土地利用规划等基层空间规划相衔接的实施路径。

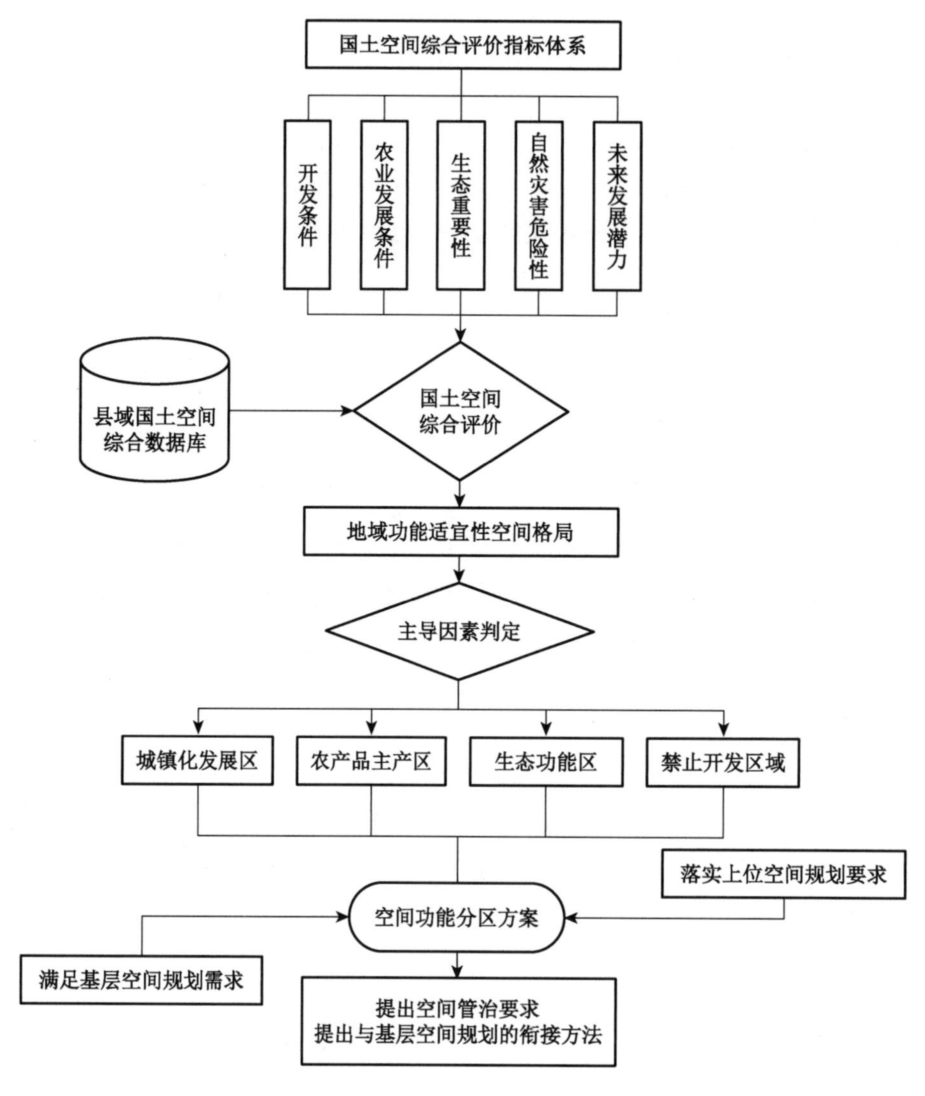

图 4.6 中小尺度功能分区的技术路线

5 市县空间规划功能分区的工作方法

市县空间规划中的功能分区是一项专业性、技术性、战略性极高的工作，其工作方法种类繁多。但按照“评价—集成—分区”的技术路线框架，大致可以分为前期准备、国土空间综合评价和制定区划方案三个部分。

5.1 功能分区的前期准备

市县空间规划是市县层面国土开发领域的指导性规划，涉及面广，综合性强，而功能分区又是形成空间规划核心蓝图的关键环节，因此需要更加充分的规划前期准备工作。

1. 确定规划目标和功能分区原则

市县空间规划有一些共性的目标和原则。就规划目标来说，所有的国土空间规划都要以明晰空间开发格局、优化国土空间结构、提高空间利用效率、增强区域发展的协调性和提升可持续发展能力为目标；就功能分区原则来说，以人为本、集约开发、尊重自然、城乡统筹等则是国土规划必须贯彻的原则。

对于这些共性的规划目标和功能分区原则，一般来说国家的相关法规、行政文件都会有所阐述，规划工作者只需要将其贯彻实施。

与此同时，对于规划工作者来说，更重要的是根据规划区的实际情况确定规划特定的目标和原则。在编制市县空间规划和进行功能分区工作之前，首先要充分认识到本地区在国土开发方面所面临的问题，充分认识到周边和更大范围地区的区域发展背景，确定特定的规划目标和规划原则。总体上看，对于经济发达的大城市群地区，要更注重转变经济增长方式、提升城市化质量、改善人居环境等方面的内容；对于工业化与城市化正处于加速阶段的区域来说，要更注重加强人口产业集聚、统筹城乡发展等方面的内容；对于农业地区、生态地区占有较大比例的区域来说，则要更注重增强开发效率、提升公共服务水平、保障农业生产和生态建设等方面的内容。此外，还可以因地制宜地确定更加细致的规划目标和功能分区原则，比如海南省作为旅游地位突出的海岛省份，在主体功能区规划中就提出以优化旅游开发模式、陆海统筹为目标；又如江苏省作为国土开发条件十分平均的平原省份，则将“把握开发时序”作为重要的规划原则。

2. 组织保障

市县空间规划涉及面广，功能分区工作往往需要多个部门、单位协同完成，因此对组织工作的要求也很高。空间规划功能分区的工作组织包含两个层面：一是在政府领导层面，要明确政府各部门在规划中的职责、协调部门间的关系等；二是在项目层面，要建立科学的项目结构，配备完善的技术力量。因此，对于空间规划功能分区的工作者来说，后者的组织保障更加重要。

为了功能分区编制的科学性，市县空间规划项目一般采用首席科学家制度。首席科学家由以区域规划为专长、学术造诣高且经验丰富的规划专家担任，重大的空间规划项目还可以设立学术委员会来指导规划的编制工作。在首席科学家的领导下设立各专业课题组，形成由各领域专家构成的技术队伍。根据空间规划功能分区工作的要求，规划编制的技术队伍必须涵盖以下领域的专门人才：①宏观经济和产业发展领域；②人口和城市化领域；③交通和基础设施领域；④土地利用领域；⑤自然资源领域；⑥自然地理和生态学领域；⑦环境科学领域；⑧农业地理和农业发展领域；⑨政府管理和政策研究领域；⑩地图学和地理信息系统领域。除此之外，也可以根据规划目标安排其他领域的人才参与规划。在项目层面要明确课题的分工、分配工作任务、排定工作进度，保证功能分区工作有序地推进。

3. 现场踏勘和资料准备

调查研究是编制所有类型空间规划的基础性工作，其中现场踏勘和资料准备是必须在规划的开始阶段就完成的环节，以使规划工作者对规划区的概貌产生形象的认识，对规划区所具有的国土空间特点和国土开发问题有一个全面的了解，掌握大量支撑规划编制的第一手资料。

市县空间规划中现场踏勘的范围要对规划区内的各种典型区域实现全覆盖，并一般要求对规划区内的次级行政单元实现半数以上的覆盖。在地点选择上，空间规划主要选取具有代表性的城镇、产业园区、重大基础设施工程、地理类型区或生态区、旅游资源等地方进行现场踏勘。此外与城乡规划不同的是，空间规划的现场踏勘不仅要求实地察看，更注重的是与熟悉各地发展情况的各方人士通过座谈、现场会等形式进行沟通，详细听取其有关当地的发展现状、存在问题以及未来发展方向等方面的阐述，这样的工作方式有助于更加迅速、全面地获取有效信息。

基础资料的收集则是功能分区必不可少的工作。根据市县空间规划功能分区的工作特点，规划所需要收集的基础资料包括下列部分：

(1) 基础地理资料包括地形图(含数字高程)、土地利用现状图、行政区划图等。

(2) 基础统计资料包括统计年鉴、统计公报等。

(3) 社会经济资料包括国民经济和社会发展规划、政府工作报告、区域规划、工农业及其他专项统计年鉴、对外贸易和国际合作情况、经济产业相关的五年规划和专题研究报告等。

(4) 国土资源资料包括国土资源台账数据、土地利用调查和变更数据、耕地和基本农田数据等。

(5) 人口资料包括各地区现状和历年常住人口、迁入迁出人口、年龄结构、自然增长、城乡结构、受教育程度等方面的资料。

(6) 基础设施资料包括交通(以公路、铁路、航运、航空为主)、电力、通信等重要基础设施领域的建设和规划情况。

(7) 城市建设资料包括城镇体系规划、各城镇的城市总体规划、城建统计资料等。

(8) 自然地理和生态资料包括河流湖泊图、植被图、土壤图、水文图、气候图、生物物种数量统计、生态区划等，以及有关地震灾害、地质灾害、洪涝、热带风暴潮等各类自然灾害方面的资料。

(9) 自然资源资料包括水资源、矿产资源、农林资源、能源资源等的分布、数量、利用价值等。

(10) 环境保护资料包括主要污染物(以大气环境和水环境污染物为主)排放量、环境监测结果、自然保护区边界和情况等。

5.2 国土空间综合评价

国土空间综合评价是功能分区最重要的分析研究环节,是确定功能分区方案以及做出一切规划决策的科学依据。国土空间综合评价的目标是揭示本地区国土空间开发的现状和问题,对各区域的发展条件、资源环境承载能力和未来发展潜力进行评价,识别不同地区对不同类型国土功能的适宜程度,为划分各类功能区提供客观依据。国土空间综合评价主要包括确定指标体系、指标项评价和综合集成评价三个环节。

5.2.1 确定指标体系

指标体系(Index system)是定量分析的度量标尺,是若干个相互联系的统计指标所组成的有机体,要全面分析不同地区国土开发的条件以及地域功能的适宜性,必须由一系列定量的指标予以支撑,因此确定识别和划分地域功能的指标体系是国土空间综合评价的基础性、关键性工作。

1. 全国主体功能区划的指标体系及评价

在全国主体功能区划工作中确立了一个由 10 个指标项构成的指标体系。该指标体系是根据众多各领域权威专家多次论证后确定的,并在国家级和省级主体功能区划分中得到了推广,但在市县功能分区工作中也要根据需要对其进行进一步的完善。

在全国主体功能区划中,指标体系的选择主要考虑三大因素:首先要符合区划的目标导向,即明确反映以工业化、城市化进程及其空间集聚的状态为代表的“开发”功能指向;其次要全面反映和科学评价影响主体功能形成的因素,即资源环境承载能力、现有开发强度和未来发展潜力;另外,还需要保证一定的实用性。在这个基础上,筛选出 10 个指标项作为全国主体功能区划的评价指标体系，其中 9 个是可计量指标项，分别为可利用土地资源、可利用水资源、环境容量、生态系统脆弱性、生态重要性、自然灾害危险性、人口集聚度、经济发展水平、交通优势度；另一个为全局调控性指标项，即战略选择（表 5.1）。

表 5.1 全国主体功能区规划的指标体系

序号	指标项	功能	含义
1	可利用土地资源	评价一个地区剩余或潜在可利用土地资源对未来人口集聚、工业化和城镇化发展的承载能力	由后备适宜建设用地的数量、质量、集中规模三个要素构成。具体通过人均可利用土地资源或可利用土地资源来反映
2	可利用水资源	评价一个地区剩余或潜在可利用水资源对未来社会经济发展的支撑能力	由本地及入境水资源的数量、可开发利用率、已开发利用量三个要素构成。具体通过人均可利用水资源潜力的数量来反映
3	环境容量	评估一个地区在生态环境不受危害前提下容纳污染物的能力	由大气环境容量承载指数、水环境容量承载指数和综合环境容量承载指数三个要素构成。具体通过大气和水环境对典型污染物的容纳能力来反映
4	生态系统脆弱性	表征我国全国或区域尺度生态环境脆弱程度的集成性指标	由沙漠化、土壤侵蚀、石漠化三个要素构成。具体通过沙漠化脆弱性、土壤侵蚀脆弱性、石漠化脆弱性等级指标来反映
5	生态重要性	表征我国全国或区域尺度生态系统结构、功能重要程度的综合性指标	由水源涵养重要性、土壤保持重要性、防风固沙重要性、生物多样性维护重要性、特殊生态系统重要性五个要素构成。具体通过这五个要素重要程度指标来反映
6	自然灾害危险性	评估特定区域自然灾害发生的可能性和灾害损失的严重性而设计的指标	由洪水灾害危险性、地质灾害危险性、地震灾害危险性、热带风暴潮灾害危险性四个要素构成。具体通过这四个要素灾害危险性程度来反映
7	人口集聚度	评估一个地区现有人口集聚状态而设计的一个集成性指标项	由人口密度和人口流动强度两个要素构成。具体通过采用县域人口密度和吸纳流动人口的规模来反映
8	经济发展水平	评价一个地区经济发展现状和增长活力的一个综合性指标	由人均地区 GDP 和地区 GDP 的增长比率两个要素构成。具体通过县域人均 GDP 规模和 GDP 增长率来反映

（续表）

序号	指标项	功能	含义
9	交通优势度	为评估一个地区现有通达水平而设计的一个集成性评价指标项	由公路网密度、交通干线的拥有性或空间影响范围和与中心城市的交通距离三个指标构成
10	战略选择	评估一个地区发展的政策背景和战略选择的差异	

资料来源：全国主体功能区规划研究技术报告——国土空间评价与主体功能区划分[R].北京：2009.

全国主体功能区划的指标体系立足不同区域对人口经济活动的承载能力、国土开发状态和区域环境质量，能够辨析出适宜社会经济活动的空间，促进人口和经济在全国范围合理分布。10个指标项中，大部分紧紧围绕开发功能指向的内涵而设立，包括正面反映开发类功能导向的人口集聚度、经济发展水平、交通优势度以及反映保护类功能导向的生态系统脆弱性和生态重要性。这5项指标能够清晰反映不同地区对于大规模城镇化、工业化开发的适宜程度，对于引导开发导向具有重要意义。而可利用土地资源、可利用水资源、环境容量和自然灾害危险性等4项指标从不同角度反映了区域对于开发行为的承载力，完善了主体功能的科学内涵。同时，该指标体系还引入了一个定性指标项，即战略选择，在保证评价结果的客观性的同时，也兼顾了政策取向的作用(表5.2)。

表5.2　全国主体功能区划的评价指标体系和指标项取值原则

指标	名称	主体功能区类型			
		优化开发区域	重点开发区域	限制开发的农业地区	限制开发的生态地区
U_1	可利用土地资源	★	★★	★★★	★★★
U_2	可利用水资源	★★	★★	★★★	★★★
U_3	环境容量	★	★★	★★★	★★★
U_4	生态系统脆弱性	★	★	★★★	★★★★
U_5	生态重要性	★	★	★★★	★★★★
U_6	自然灾害危险性	—	—	—	—
U_7	人口集聚度	★★★★	★★★	★★	★
U_8	经济发展水平	★★★★	★★★	★★	★
U_9	交通优势度	★★★★	★★★	★★	★★
U_{10}	战略选择	—	—	—	—

★代表一个单元的评价值

资料来源：全国主体功能区规划研究技术报告——国土空间评价与主体功能区划分[R].北京：2009.

尽管该指标体系最大限度包含了反映主体功能取向的影响因素，但仍存在以下一些可能影响到区划科学性的缺陷。

(1) 对于反映发展和生态两类基本地域功能的影响因素都在指标体系中有了很完善的考虑，但是对于反映初级生产功能的指标却有所缺失。在实际工作中，往往将既不适宜开发(发展功能)也不适宜保护(生态功能)的地区认为是主要发展农业等初级生产功能的地区。然而这一推理过程在科学解释上略显不足，经验主义色彩浓厚。要确定一个地域单元是否对初级生产功能适宜，仍然必须通过相关的指标才可以科学做出评价。

(2) 在确定指标体系的过程中，基于实用性、数据获取便利度以及适宜推广的考虑，对于指标项的因素构成和算法都进行了一定的简化。但由此带来的另一个后果就是指标项的评价结果并非都能体现该因素对于地域功能的影响机制，部分指标评价结果甚至很难在综合评价地域功能的过程中起到作用，一定程度上降低了指标体系的效果。

(3) 战略选择虽然作为唯一一个定性指标项，但是并没有确定其算法，更没有说明使用该指标的方法，因此在评价过程中该指标项无法科学的使用。

2. 国土空间综合评价指标体系的选取原则

在功能分区的国土空间综合评价中，指标的选取要注意下列原则：

(1) 全面性原则和代表性原则。所谓全面性，即指标体系尽量涵盖涉及国土空间开发的各个领域，不可偏废和缺失；所谓代表性，即各指标项应对影响国土空间开发的某一因素具有明显的指示作用，不要设立不必要的、重复的指标项。在国土空间规划中全面性原则和代表性原则是统一的，各指标项都需要概念清晰，彼此之间不可相互替代，使得整个指标体系结构均衡。比如在全国主体功能区规划中确定的 10 个指标项就从不同角度反映了各地国土开发的资源条件、环境条件、生态约束、发展潜力以及战略意义，自然和人文指标比例得当，十分充分地体现了全面性和代表性原则

(2) 复合性原则。由于影响国土空间开发的因素和机制十分繁多，且因素之间还存在复杂的相互作用，因此不可能把所有因素都纳入指标体系，这就要求国土空间综合评价的每个指标项都要能体现若干个因素的作用结果，复合地反映地域系统中某一个子系统的影响力，而不能仅用某一个因素就代替了一大类因素来作为指标项。

(3) 定量为主、定性为辅原则。指标体系要定量与定性相结合，但仍然以定量指标为主，以强调评价的客观性；同时兼顾定性指标，可以满足反映政策以及战略取向的要求。

（4）目标指向原则。指标体系要与国土空间规划以及国土空间综合评价的目标紧密结合，要具有明确的导向意义。也就是说，要首先明确综合评价需要解决什么问题、反映什么情况，然后根据这个目标来选取指标项、确定指标项的内涵、设计指标项的结构，使得指标项所能表达的信息恰好是规划所需要的信息。

3. 市县空间规划功能分区的指标体系

由于我国各地区的国土空间特征、发展基础和开发导向存在很大的多样性，因此在市县空间规划的功能分区工作中很难采取同一套指标体系来进行国土空间综合评价。但是通过借鉴全国主体功能区规划指标体系选取的有益经验，基于国土空间综合评价指标体系的选取原则，可以为市县功能分区指标体系提出一个大致的框架。

前文已经得出结论，市县空间规划功能分区应以主导因素法为核心，因此指标体系应当围绕划分城镇化发展区、农产品主产区、生态功能区和禁止开发区域 4 类功能区的主导因素来构建。从指标项的层级来看，可以分为指标大类、指标项和评价因子 3 个层级：指标大类由一系列具有一定共性和关联的指标项组成，往往可以整体作为某一类功能区的主导因素用于该类功能区的划分；指标项是为了度量地域空间在某一具体方面的分异情况而构造出的统计指标，是指标体系的核心；而评价因子是在指标项的评价过程中需要考虑的具体因素，指标项由若干评价因子根据一定的数量关系复合得出。

因此，虽然各地在进行功能分区是可以采取不同的指标体系，但出于划分城镇化发展区、农产品主产区、生态功能区和禁止开发区域 4 类功能区的核心目的，在指标大类的构成上往往存在一定的共性，而差异性主要在指标项和评价因子的选取上体现。通常在市县功能分区指标体系中可以包含以下 6 个指标大类（表 5.3）：

表 5.3　市县空间规划功能分区的指标体系框架

序号	指标大类	可以包含的指标项
1	开发条件	地形条件、地质条件、现状开发难度
2	农业发展条件	耕地作物种植适宜性、坡地作物种植适宜性、放牧适宜性
3	生态重要性	生物多样性保护重要性、水源涵养重要性、土壤保持重要性、防风固沙重要性、营养物质保持重要性
4	生态系统脆弱性	土壤侵蚀脆弱性、沙漠化脆弱性、石漠化脆弱性、土地盐渍化脆弱性

（续表）

序号	指标大类	可以包含的指标项
5	自然灾害危险性	地震灾害危险性、地质灾害危险性、洪涝灾害危险性
6	未来发展潜力	人口集聚度、交通优势度、社会经济发展潜力

(1) 开发条件

开发条件是指国土空间进行城市化、工业化开发的基本条件，如地形条件、地质条件、现状开发难度等，这些条件是根据自然地理特征和土地利用现状得出的，是土地资源的客观属性。开发条件是划分城镇化发展区的基础性主导因素。

(2) 农业发展条件

农业发展条件是指国土空间从事各类农业功能的适宜性，是划分农产品主产区的核心主导因素。农业发展条件指标因不同农业生产类型对土地资源的不同要求可以分为很多种，如耕地作物种植适宜性、坡地作物种植适宜性、放牧适宜性等，可以根据当地农业生产的具体条件而进行选择。

(3) 生态重要性

生态重要性是反映生态系统服务能力差异的指标，是划分生态功能区的核心主导因素之一。它针对不同类型的生态系统服务功能可以分为水源涵养重要性、土壤保持重要性、生物多样性保护重要性、防风固沙重要性、营养物质保持重要性等，可以根据当地的生态系统类型而进行具体选择。

(4) 生态系统脆弱性

生态系统脆弱性是表征生态环境脆弱程度的指标，也是划分生态功能区的核心主导因素之一。它针对不同生态环境问题可以分为土壤侵蚀脆弱性、荒漠化脆弱性、石漠化脆弱性、土地盐渍化脆弱性等，可以根据当地特有的生态问题而进行具体选择。

(5) 自然灾害危险性

自然灾害危险性是评估特定区域自然灾害发生的可能性和灾害损失的严重性的指标，是在划分各类功能区的决策过程中都需要使用的辅助性指标。它根据自然灾害类型的不同可以分为地震灾害危险性、地质灾害危险性、洪涝灾害危险性、台风灾害危险性等，可以根据当地主要面临的灾害类型而进行具体选择。

(6) 未来发展潜力

未来发展潜力是表征各地区城市化与工业化成长条件和趋势的指标，是发展功能适宜性的主要体现，也是划分城镇化发展区的重要主导因素。与开发条件不同,未来发展潜力主要关注社会经济系统的运行态势,如人口集聚度、交通优势度、社会经济发展潜力等。

5.2.2 指标项评价

指标项评价是根据确定的指标体系计算出指标项的分值,得出一系列反映规划区国土开发特点、条件、潜力等内容的单项评价结果。指标项评价主要包含下列工作:

(1) 算法设计。算法设计是一项专门性很强的工作,需要根据指标项所涉及的领域安排有专长、有经验的研究人员进行此项工作。算法设计要综合考虑指标涉及领域的专业理论、指标项对国土开发的作用机制以及规划的需求,最终确定指标项的计算公式、参数取值、子指标权重等关键内容。

(2) 数据准备。要从事先收集到的基础资料中选取指标项计算所需的数据,如有缺少则要安排补充调研。所有数据必须达到以下要求才能用于计算:首先是口径统一,即同组数据的来源和采集方式必须一致,其计算结果才有意义;其次是精度统一,即所有数据在经过处理之后必须落实到同样尺度的空间单元内,才具备统一进行空间计算的条件,数据精度不得低于规划所要求的精度;最后是数据要经过必要的标准化处理,克服不同数据由于量纲、数量级上的差异所导致的评价可靠性降低。

(3) 指标计算。指标计算不仅需要利用准备好的数据通过指标项算法计算出指标项的得分,还要选取适当的阈值(Threshold)对指标得分进行分级,以反映不同地区在该指标评价结果上的差异。阈值的选择要有依据,可以选取具有代表性意义的取值,也可以选取恰好可以分隔出不同典型地区的取值。在分级的数量上一般以 5～10 个分级为宜,分级过少不能充分体现地域差异,分级过多则不能体现区域共性。

在国土空间综合评价中,还要注意评价单元的影响。功能区划的评价单元一般分为按行政单元和按自然单元两种。所谓按行政单元,是指以各级行政单位(如省、市县、乡镇等)作为评价的基本单元,优点是边界清晰、各类数据统计资料获取方便;所谓按自然单元,是指以地域系统的自然边界作为评价的基本单元,实际操作中通常以固定单位的格网作为基础,优点是指代精确、评价单元统一。

在大尺度功能区划工作中,两种评价单元都在指标评价中大规模应用:通常涉及需要大量使用统计资料的指标项以行政单元为基础,以地理信息为主要基础数据的指标项以自然单元为基础。但在市县功能分区工作中,笔者认为指标项评价的基本单元应以自然单元为宜。主要原因是:①县功能分区空间尺度较小,需要直接与土地利用相对接,需要更高的分析精度,适合以自然单元为评价基础;②市县功能分区的指标体系中,开发条件、农业发展条件、生态重要性、生态系统脆弱性、自然灾害危险性等主要指标大类都是以地理信息为基础评价数据,在指标项构成上使用自然单元评价更为科学;③市县空间规划中,次一级的行政单元以乡镇、行政村为主,这两级行政单位是我国行政区划体系中的基层,在各类发展指标中的区分意义不明显,统计资料也不够翔实,不能发挥按行政单元评价的优势。因此,在市县空间规划的国土空间评价和功能分区工作中,应当以自然单元为主要评价单元,但在个别指标项评价中适合使用行政单元的也可以使用行政单元,如人口集聚度、社会经济发展水平等。

5.2.3 常用指标项评价方法

市县功能分区的指标项通常围绕开发条件、农业发展条件、生态重要性、生态系统脆弱性、自然灾害危险性和未来发展潜力 6 大类来选取,这里简要介绍一下常用指标项的评价算法和评价方法。

1. 开发条件

(1) 地形条件

地形条件指标项主要考虑影响城市化工业化开发适宜性的地形地貌因素,最常用的评价因子是高程、坡度和坡向。

① 高程

一般而言,海拔高程低的地区较海拔高程高的地区更适合于人类居住,随着海拔高程的增大,人类居住的适宜性程度在降低,可以根据不同高程对应的宜居性等级确定不同地块的指标项得分值(表 5.4)。但是高程对开发适宜性的影响在几百到上千米的较大尺度上才能体现出来,微小的高程变化对开发条件不存在影响。

表 5.4 高程对人类宜居性的影响

海拔高程	人类宜居性
<1 000 m	对人类活动基本没有影响
1 000～2 000 m	对敏感人群、体力劳动和剧烈运动有一定影响
2 000～3 000 m	对人类活动有明显影响

（续表）

海拔高程	人类宜居性
3 000～4 000 m	不适宜人类居住
4 000 m 以上	基本无法长期居住

② 坡度

坡度是对开发条件影响最大的地形因素。地形坡度越大工程建设的造价越高，且过于陡峭的地形容易发生滑坡、泥石流等各种地质灾害，不宜进行城市化工业化开发。在评价过程中，可以根据不同坡度对工程建设条件的影响来确定不同地块的指标项得分值（表 5.5）。

表 5.5 坡度对工程建设条件的影响

坡　度	相应建设条件
＜0.3％	不利于排水排涝
0.3％～2％	适宜作为工业用地
0.3％～10％	适宜作为居住用地
0.3％～14％(8°)	工程建设用地适宜范围
14％～27％(15°)	不适宜进行工程建设
＞27％	不可进行工程建设
＞47％(25°)	不可种植任何作物
70％(35°)	自然静止角

③ 坡向

坡向影响了地块的日照水平，对人类宜居性存在一定的影响。坡向在 W-S 方向和 S-E 方向最适合人类居住，相比 N-W 方向和 E-N 方向开发条件更好。

（2）地质条件

地质条件主要指城镇建设的工程地质条件，它决定了建筑地基的稳定性和安全性。地质条件的主要影响因素如下：

① 岩组工程特性

岩组工程特性主要指地基所在岩组的坚硬程度，越是坚硬的岩组越适合进行城镇开发，可以根据地质图确定所在地块的岩层类型，再对照岩组的坚硬程度对指标项得分进行分级（表 5.6）。

表 5.6　岩组工程特性划分标准

岩组坚硬程度	饱和单轴抗压强度标准值 frk(MPa)	常见岩层类型	评价分级
硬　岩	frk>60	花岗岩、闪长岩	良好
次硬岩	30<frk≤60	白云岩、石灰岩、砂板岩	较好
软　岩	5<frk≤30	泥岩、页岩、千枚岩、蛇绿岩、黏土岩	较差
极软岩	frk≤5	第四系岩层、未成岩	极差

② 水文地质特性

水文地质特性主要取决于地下水类型对地基稳定性的影响，如会否造成沉降、管涌、流沙等灾害等。通常来看，孔隙水介质地层最适合进行城镇建设开发，其次分别是岩溶水介质和裂隙水介质，而隔水层最不适合进行城镇化开发。

(3) 现状开发难度

土地资源具有资产性和用途变更困难性的社会属性，它决定了现状土地利用类型对城乡建设的利用具有重要影响。不同的土地利用现状会给城市化、工业化开发带来不同程度的困难，这也是评价地块开发条件的重要因素。现状开发难度一般从两个维度考虑：一是土地利用类型，比如耕地、林地等农林用地在转变为建设用地的过程中存在一定的政策阻碍，而村庄等类型的居民点用地在转变用途的过程中需要付出较大的经济成本，可见不同的现状土地利用类型是评价开发难度的重要因子；二是土地资源的空间分布结构，数量大、质量好且集中连片的可利用土地资源更适合于作为人口集聚、产业布局和城镇发展的建设用地，而面积零碎、空间分散的用地则相对不适宜进行大规模开发。

2. 农业发展条件

农业发展条件类指标的评价主要基于土地对于农业生产的适宜性，通常包含绝对生产能力和相对生产潜力两部分。

绝对生产能力是单位土地对于农业生产活动所需要获取的自然资源的产出能力，绝对生产能力与土地的实际产量无关，而是体现单位土地对于农业生产所可能实现的最高产量。

相对生产潜力是绝对生产能力与实际生产能力的差值，更多考虑的是人类社会经济系统对于农业功能的影响。相对生产潜力可以反映以下两个方面的事实：一是地区的资源有效利用程度，即对绝对生产能力的开发程度；二是未来的可开发性，即实际生产能力可供上升的空间。现实中，以上两者是对立统一的，即资源有效利用程度越高的地区，往往对生产能力的开发就越充足，从而可供上升的空间较小；而资源有效利用程度不够的地区，往往相对生产潜力较大。在评价农业功能适宜性时，要灵活把握相对生产潜力原则，针对功能自身特性和空间开发格局，决定未来的功能空间指向的倾向性。

农业发展条件可以根据不同类别的农业生产来构造指标项，常见的主要是作物种植适宜性和放牧适宜性。

(1) 作物种植适宜性

种植业是最主要的生产类型，在我国的地域功能空间格局中，以种植业为主导的农业地区对保障全国和地区粮食安全供应起到非常关键的作用。作物种植适宜性评价主要针对耕地以及有可能开垦为耕地的土地利用类型进行，评价的核心是土地的农产品产出能力。

作物种植适宜性评价分为单产潜力评价（绝对生产能力）和潜力开发优势度评价两部分。

① 单产潜力评价

单产潜力即单位土地上的理论最高粮食年产量。关于粮食单产潜力的评价模型，多年来已经开展了大量的研究，方法逐渐成熟，参数的确定也更加精确。本书在前人研究的基础上，提出以“机制法”作为粮食单产潜力的评价模型。所谓机制法是依据作物生产力形成的机理，考虑光、温、水、土等自然生态因子及施肥、灌溉、耕作、育种等农业技术因子，从作物截光特征和光合作用入手，依据作物能量转化及粮食生产形成过程，逐步衰减来估算粮食生产潜力（王懿贤等，1981）。该过程可以表达为以下函数式（王宏广，1993；党安荣等，2000）：

$$
\begin{aligned}
Y_L &= Q \cdot f(Q) \cdot f(T) \cdot f(W) \cdot f(S) \\
&= Y_Q \cdot f(T) \cdot f(W) \cdot f(S) \\
&= Y_T \cdot f(W) \cdot f(S) \\
&= Y_W \cdot f(S)
\end{aligned}
$$

式中，Y_L 代表土地生产潜力；Q 代表太阳总辐射；$f(Q)$ 代表光合有效系数；Y_Q 代表光合生产潜力；$f(T)$ 代表温度有效系数；Y_T 代表光温生产潜力；$f(W)$ 代表水分有效系数；Y_W 代表气候生产潜力；$f(S)$ 代表土壤有效系数。

根据单产潜力评价模型，该部分评价可以分为气候生产潜力评价（Y_W）和土壤有效系数评价[$f(S)$]两大主要部分，最后根据两者的评价结果得出土地生产潜力(Y_L)，也就是粮食单产潜力。

气候生产潜力的计算方法和模型是比较成熟的。首先需要评价光合生产潜力，光合生产潜力根据到达地面的太阳总辐射乘以相应的衰减系数计算(黄秉维，1985)：

$$Y_Q = 21.9Q$$

式中，Y_Q 代表光合生产潜力(单位：kg · ha^{-1} · a^{-1})；Q 代表太阳年总辐射量(单位：MJ · m^{-2} · a^{-1})。

接着需要评价温度有效系数。温度有效系数反映生产潜力随温度的衰减程度，由无霜期出现的概率决定(冷疏影，1992)：

$$f(T) = \frac{N}{365.2425}$$

式中，$f(T)$代表温度有效系数；N 代表年平均无霜期(单位：d)。以温度有效系数乘以光合生产潜力，即可计算出光温生产潜力 (Y_T)。

最后需要评价的是水分有效系数。水分有效系数反映生产潜力随水分条件的衰减程度，由降水量和蒸发量的比值决定(冷疏影，1992)：

$$f(W) = \frac{P}{E_0}$$

式中，$f(W)$代表水分有效系数；P 代表年降水量(单位：mm)；E_0 代表年陆面蒸发量(单位：mm)。以水分有效系数乘以光温生产潜力，即可计算出气候生产潜力(Y_W)：

$$\begin{aligned} Y_W &= Y_T \cdot f(W) \\ &= Y_Q \cdot f(T) \cdot f(W) \\ &= Q \cdot f(Q) \cdot f(T) \cdot f(W) \\ &= \frac{0.06QNP}{E_0} \end{aligned}$$

而土壤有效系数评价通过选取影响土壤有效性的系列影响因子，按照评分法计算每一个评价单元的土壤有效系数。土壤有效系数评价通常从土壤性状、土壤养分和立地条件三个方面选取了 12 个评价因子，即质地(C_1)、酸碱度(C_2)、耕层厚度(C_3)、有机质(C_4)、全氮(C_5)、碱解氮(C_6)、全麟(C_7)、速效磷(C_8)、全钾(C_9)、速效钾(C_{10})、坡向(C_{11})和坡度(C_{12})。本书提出的土壤有效性因子分级评分体系主要参考《中国土壤》(熊毅和李庆逵，1987)、《中国土壤普查技术》(全国土壤普查办公室，1992)以及其他研究成果(党安荣等，2000)

而得出(表 5.7～表 5.9)。

表 5.7　土壤性状分级评分体系

分级	土壤质地(国标)	pH 值	耕层厚度(cm)	评分
1	L	6.5～7.5	≥20	1.0
2	LS，SL	5.5～6.5	16～20	0.9
3	LC，CL	7.5～8.5	12～16	0.7
4	SLC，SCL	4.5～5.5	8～12	0.6
5	SC，C	8.5～9.0	4～8	0.5
6	S	＜4.5 or≥9.0	＜4	0.4

表 5.8　土壤养分分级评分体系

分级	有机质(g/kg)	全氮(g/kg)	全磷(g/kg)	全钾(g/kg)	碱解氮(mg/kg)	速效磷(mg/kg)	速效钾(mg/kg)	评分
1	≥40	≥2.00	≥2.0	≥30	≥150	≥40	≥200	1.0
2	30～40	1.50～2.00	1.5～2.0	20～30	120～150	20～40	150～200	0.9
3	20～30	1.00～1.50	1.0～1.5	15～20	90～120	10～20	100～150	0.8
4	10～20	0.75～1.00	0.7～1.0	10～15	60～90	5～10	50～100	0.7
5	6～10	0.50～0.75	0.4～0.7	5～10	30～60	3～5	30～50	0.6
6	＜6	＜0.50	＜0.5	＜5	＜30	＜3	＜30	0.4

表 5.9　立地条件分级评分体系

分级	坡度(°)	评分	坡向	评分
1	≤3	1.0	缓坡	1.0
2	3～7	0.9	南坡	0.9
3	7～15	0.8	东南、西南坡	0.8
4	15～25	0.6	东、西、东北、西北坡	0.7
5	25～35	0.4	北坡	0.6
6	＞35	0.1		

② 潜力开发优势度评价

潜力开发优势度评价根据单产潜力评价结果以及各地区现实粮食产量的对比结果，反映粮食生产现状与粮食生产潜力之间的差异。该指标项需要构造潜力开发优势评价模型，进行粮食单产相对潜力、潜力总量、潜力系数等多个指标评价，计算出潜力开发优势度系数，并以此为依据得出作物种植适宜性评价结果。由于潜力开发优势度需要使用实际产量统计数据，因此一般无法采用栅格评价，而需要采用分区评价的方法。

潜力开发优势度可以构造如下 4 项评价因子：

一是单产相对潜力(P_1)。根据各地区单产潜力与实际单产水平的差值决定：

$$P_1 = Y_L - P_0$$

式中，Y_L 代表单产潜力；P_0 代表实际单产水平。

二是潜力系数(P_2)。潜力系数反映各地区单产潜力可以提高的幅度或比例，计算方式如下：

$$P_2 = 1 - \frac{P_0}{Y_L}$$

最后是绝对总产潜力和相对总产潜力。总产潜力是在单产潜力的基础上考虑粮播面积和复种指数来体现各地区的作物生产的总量潜力：

$$P_3 = nY_L \cdot A$$

$$P_4 = P_3 - P$$

式中，P_3 代表绝对总产潜力；n 代表复种指数；A 代表耕地面积；P_4 代表相对总产潜力；P 代表实际粮食产量。

根据上面构造的 4 个评价因子，加上单产潜力评价结果(标记为 P_5)，可以采用潜力开发优势度模型计算各地区的粮食生产潜力开发优势度：

$$P_i = \sum_{j=1}^{5} w_j P_{ij}$$

式中，P_i 代表地区 i 的潜力开发优势度得分；w_j 代表第 j 个指标参数的权重；P_{ij} 代表地区 i 在第 j 个指标参数上的分级评分。

为了将分区评价的潜力开发优势度评价结果与按自然栅格单元评价的单产潜力评价结果结合起来，可以单产潜力评价结果为基础对其进行分级，再根据分区潜力开发优势度评价结果进行一定的升级、降级处理，最后可以得出按照自然单元的作物种植适宜性评价结果。

(2) 放牧适宜性

畜牧业是人类与自然界进行物质交换的极重要环节，是广义农业的重要组成部分，与种植业并列为农业生产的两大支柱。它利用畜禽等已经被人类驯化或某些野生动物的生理机能，通过人工饲养、繁殖，使其将牧草和饲料等植物能转变为动物能,取得各种畜产品的生产部门。在地域功能格局中,畜牧业最主要的空间效应是对牧草地的利用,因此本书所指的放牧适宜性特指以牧草地为基础的畜牧业活动,而定点的畜禽养殖则不在此列。

牧业生产主要依靠草地资源而展开。草地具备生产和生态的双重属性,其生产能力和生态价值的差别使得草地资源的可持续利用对国土空间开发的有序性十分重要。放牧适宜性评价主要基于草地的生产能力和再生产能力进行,使得牧业活动既满足人类经济生活与环境的要求,又能不断改善资源本身的质量特性,达到社会、经济和生态的最佳综合效益。

牧业功能为人类社会经济活动提供了必需的产品,这些产品中,肉类、乳类和皮毛是最主要的部分,其中肉类又是最核心的产品,因此本书的放牧适宜性评价以草地的肉类生产潜力为主要测度。适宜性评价主要按照以下流程进行:

① 草地产草量评价

草地产草量决定草地所能够提供家畜食物来源的能力,是肉类生产的基础影响因素。该评价根据草场的自身条件(包括地貌、土壤、人类活动等)来计算不同草地的干草生产能力,草地产草量一般根据样方采样测定,或按照草地资源的大类和亚类确定产草量,并标识在草地资源底图上,获取草地生产力的空间布局。

② 载畜能力评价

在草地产草量的基础上,依据家畜的食草规律以及各地区的放牧条件和类型,按照可持续利用的思路确定各地区可放牧或喂养的最大家畜数量。

草地的载畜能力一般通过载畜量的草地单位和家畜单位来表示,即一定的草地可利用面积上,一年可放牧饲养羊单位的数量(樊江文和陈立波,2002)。计算方式:

$$L = \frac{P_0 \cdot \eta}{E \cdot t}$$

式中,L 代表单位面积草地年可放牧的家畜数量(单位:SU · ha^{-1} · a^{-1}(SU——羊单位,下同));P_0 代表草地可使用牧草产草量(单位:kg · ha^{-1});η 代表牧草利用率;E 代表单位家畜牧草日食量(单位:kg · SU^{-1} · d^{-1});t 代表年放牧时间(d · a^{-1})。公式中参数的确定方法如下:

牧草利用率按照合理采食掉的牧草量与牧草总产量的比率决定。通常在夏秋季节不同类型的牧草利用率分别为:草甸 60%、草原 50%、荒漠 40%、草丛和灌草丛 55%;划区轮牧的利用率比自由放牧高 10%~20%;冬季利用率比夏秋高 20%～30%；春季利用率比夏秋低 10%～20%。

牧草日食量的计算是将各种家畜换算成羊单位，再参考已有的研究成果，按照每家畜日食牧草量约为自身活重的 4.5%～5%计算（每羊单位活重计为 50 kg）。

放牧时间根据牧草返青时间与留茬高度确定。

③ 肉类生产能力和潜力评价

肉类生产能力评价根据载畜能力和家畜产肉量计算出各地区草地的绝对肉类生产能力。同时参考各地区的实际生产能力和草地资源数量，确定放牧的潜力优势。

然而在实际情况中，我国的牧草地肉类生产能力与草地资源的空间分布呈现出明显的倒挂现象，即生产能力最高的草地大多面积小、分布零散，而面积最大、集中分布程度最高的草地类型则生产能力较低。因此肉类生产能力显然并不能反映牧业功能的空间分布格局。为了消除这一影响，还需要引入肉类生产潜力评价，它主要由两个指标组成。

一是肉类总产潜力，反映某地区全部牧草地的生产能力总和，计算方法如下：

$$P_1 = \sum_i Y_{Gi} A_i$$

式中，P_1 代表肉类总产潜力；Y_{Gi}代表第 i 类草地的肉类生产能力；A_{Gi}代表某地区第 i 类草地的面积。

二是潜力系数，反映肉类生产数值与肉类生产能力的差距。计算方法如下：

$$P_2 = 1 - \frac{P}{P_1}$$

式中，P_2 代表潜力系数；P 代表某地区的肉类实际生产量。

④ 适宜性综合评价

综合肉类生产能力和相对生产潜力，同时考虑牧业在各地区产业结构（尤其是农业结构）中的地位，综合确定各地区的放牧适宜性。

适宜性综合评价以地区肉类总产潜力和潜力系数为基础，对这两个因子进行加权求和，评价出分区的放牧适宜性。同时在牧草地肉类生产能力评价结果的基础上，叠合上述两个因子的评价数据，得出基于栅格格网的放牧适宜性综合评价结果。

3. 生态重要性

生态重要性评价一般根据各地区特有的生态系统类型选取相应的指标项进行构造，这里介绍一些常用的生态重要性指标评价算法。

(1) 生物多样性保护重要性

生物多样性是指在一定时间和一定地区所有生物物种及其遗传变异和生态系统的复杂性总称。生物多样性保护重要性指标主要评价区域内各地区对生物多样性保护的重要性。需要优先保护的生态系统包含以下 5 类：

① 优势生态系统类型：生态区的优势生态系统往往是该地区气候、地理与土壤特征的综合反映，体现了植被与动植物物种地带性分布特点。对能满足该准则的生态系统的保护能有效保护其生态过程与构成生态系统的物种组成。

② 反映了特殊的气候地理与土壤特征的特殊生态系统类型：一定地区生态系统类型是由该地区的气候、地理与土壤等多种自然条件的长期综合影响下形成的。相应地，特定生态系统类型通常能反映地区的非地带性气候地理特征。体现非地带性植被分布与动植物的分布，为动植物提供栖息地。

③ 只在中国分布的特有生态系统类型：由于特殊的气候地理环境与地质过程，以及生态演替，中国发育与保存了一些特有的生态系统类型。而在全球生物多样性的保护中具有特殊的价值。

④ 物种丰富度高的生态系统类型：指生态系统构成复杂、物种丰富度高的生态系统，这类生态系统在物种多样性的保护中具有特殊的意义。

⑤ 特殊生境：为特殊物种，尤其珍稀濒危物种提供特定栖息地的生态系统，如湿地生态系统等，从而在生物多样性的保护中具有重要的价值。

生物多样性保护重要性的评价如表 5.10 所示。

表 5.10　生物多样性保护重要地区评价

生态系统或物种占全省物种数量比率	重要性
优先生态系统，或物种数量比率＞30％	极重要
物种数量比率 15％～30％	中等重要
物种数量比率 5％～15％	比较重要
物种数量比率＜5％	不重要

资料来源：国家环保总局. 生态功能区划技术暂行规程[R]. 北京：2002.

(2) 水源涵养重要性

水源涵养重要性在于更大范围区域对评价地区水资源的依赖程度以及洪水调蓄作用。水源涵养重要性的评价对象是具有水源涵养功能的森林、湿地、草原草甸、荒漠植被等生态系统，主要考虑该地区在国家、区域、城市流域中所处的地理位置，同时还要通过对整个流域水资源的贡献来评价。水源涵养重要性评价的指标分级如表 5.11 所示。

表 5.11 生态系统水源涵养重要性分级表

类 型	干旱区	半干旱区	半湿润区	湿润区
城市水源地	极重要	极重要	极重要	极重要
农灌取水区	极重要	极重要	中等重要	不重要
洪水调蓄	不重要	不重要	中等重要	极重要

资料来源：国家环保总局. 生态功能区划技术暂行规程[R]. 北京：2002.

(3) 土壤保持重要性

土壤保持的意义是维护生态系统的土壤厚度，从而维持系统内的植被数量，否则生态系统将按照演替规律逐步退化。丘陵和山地地区的森林、草地、农田和湿地 4 类生态系统都可以体现土壤保持的功能重要性。土壤保持功能主要影响因子是土壤侵蚀强度，土壤保持重要性的评价在考虑土壤侵蚀敏感性的基础上，分析其可能造成的对下游河流和水资源的危害程度（表 5.12）。

表 5.12 土壤保持重要性分级指标

土壤保持敏感性影响水体	不敏感	轻度敏感	中度敏感	高度敏感	极敏感
1～2 级河流及大中城市主要水源水体	不重要	中等重要	极重要	极重要	极重要
3 级河流及小城市水源水体	不重要	较重要	中等重要	中等重要	极重要
4～5 级河流	不重要	不重要	较重要	中等重要	中等重要

资料来源：国家环保总局. 生态功能区划技术暂行规程[R]. 北京：2002.

(4) 防风固沙重要性

防风固沙重要性的评价对象是沙漠地区、沙漠化地区和沙漠化潜在威胁地区中，具有防风固沙作用的森林、草地、湿地、荒漠植被等生态系统。防风固沙重要性主要体现在评价区沙漠化所直接影响的人口数量、城市数量或重要国民经济设施。

防风固沙功能的主要影响因子是周边地区的沙漠化程度，沙丘覆盖平原地区的各类生态系统主要体现这种功能。防风固沙重要性评价通常在沙漠化敏感程度的基础上，通过分析该地区沙漠化所造成的可能生态环境后果与影响范围，以及该区沙漠化的影响人口数量来评价该区沙漠化控制作用的重要性。

在沙尘暴起沙区，其重要性评价可以根据其可能影响范围来判别：

若该区沙漠化将对多个省市的生态环境造成严重不利影响，则该区对沙漠化控制有极重要的作用；若该区沙漠化将对本省市的生态环境造成严重不利影响，则该区对沙漠化控制有重要的作用；若该区沙漠化不对其他地区的生态环境造成不利影响，则该区对沙漠化控制的作用不大。

（5）营养物质保持重要性

营养物质保持重要性评价主要从面源污染与湖泊湿地的富营养化问题的角度考虑，其重要性主要根据评价地区 N、P 流失可能造成的富营养化后果与严重程度，如评价地区下游有重要的湖泊与水源地，该地区域的营养物质保持的重要性大。否则，重要性不大（表 5.13）。

表 5.13　营养物质保持重要性分级表

河流级别	位置	影响目标	重要性
1、2、3	河流上游	重要湖泊湿地*	极重要
		一般湖泊湿地	中等重要
	河流中游	重要湖泊湿地	中等重要
		一般湖泊湿地	重要
	河流下游	重要湖泊湿地	重要
		一般湖泊湿地	不重要
4、5	河流上游	重要湖泊湿地	中等重要
		一般湖泊湿地	重要
	河流中游	重要湖泊湿地	重要
		一般湖泊湿地	不重要
	河流下游	重要湖泊湿地	不重要
		一般湖泊湿地	不重要
其他	河流上游	重要湖泊湿地	重要
		一般湖泊湿地	不重要
	河流中游	重要湖泊湿地	不重要
		一般湖泊湿地	不重要
	河流下游	重要湖泊湿地	不重要
		一般湖泊湿地	不重要

注：重要湖泊湿地包括重要水源地、自然保护区、保护物种栖息地。

资料来源：国家环保总局. 生态功能区划技术暂行规程[R]. 北京：2002.

4. 生态系统脆弱性

脆弱生态系统的主要特征是敏感性和不稳定性。生态系统脆弱性主要体现在由于优势生态系统退化导致生态系统的稀缺性增强，因此体现出对其保护的重要性。生态系统脆弱性评价一般根据各地区面临的主要生态环境问题选取相应的指标项进行构造，这里基于原国家环保总局颁布的《生态功能区划技术暂行规程》介绍一些常用的生态系统脆弱性指标评价算法。

(1) 土壤侵蚀脆弱性

土壤侵蚀是指土壤及其母质在水力、风力、冻融或重力等外营力作用下，被破坏、剥蚀、搬运和沉积的过程。土壤侵蚀是造成荒漠化的直接原因，具有土壤侵蚀潜在危险的地区，需要着重保护该地区的森林、草地等地表植被，防止土壤侵蚀的加深。

土壤侵蚀脆弱性评价是为了识别容易形成土壤侵蚀的区域，评价土壤侵蚀对人类活动的敏感程度。通常以通用土壤侵蚀方程(USLE)为基础，综合考虑降水、地貌、植被与土壤质地等因素，运用地理信息系统来评价土壤侵蚀脆弱性及其空间分布特征。

① 影响土壤侵蚀敏感性的因素分析

根据目前对中国土壤侵蚀和有关生态环境研究的资料，确定影响土壤侵蚀的各因素的敏感性等级(表 5.14)。

降水侵蚀力(R)值：可以根据王万忠等(1996)利用降水资料计算的中国 100 多个城市的 R 值，采用内插法，用地理信息系统绘制 R 值分布图。然后根据表 5.14 中的分级标准，绘制土壤侵蚀对降水的敏感性分布图。

坡度坡长因子(LS)：坡度坡长因子可以采用地形的起伏大小与土壤侵蚀敏感性的关系来估计。在评价中，可以应用地形起伏度，即地面一定距离范围内最大高差，作为区域土壤侵蚀评价的地形指标。在中小尺度，推荐选用 1∶5 万或更高精度的地形图，按照不超过 1 km×1 km 网格为最小单元进行地形起伏度提取，用地理信息系统绘制区域土壤侵蚀对地形的敏感性分布图。

土壤质地因子(K)：土壤对土壤侵蚀的影响主要与土壤质地有关。土壤质地影响因子 K 可用雷诺图表示。通过比较土壤质地雷诺图和 K 因子雷诺图，将土壤质地对土壤侵蚀敏感性的影响分为 5 级。根据土壤质地图，绘制土壤侵蚀对土壤的敏感性分布图。

覆盖因子(C)：地表覆盖因子与潜在植被的分布关系密切。根据植被分布图的较高级的分类系统，将覆盖因子对土壤侵蚀脆弱性的影响分为 5 级，并利用植被图绘制土壤侵蚀对植被的敏感性分布图。

表 5.14 土壤侵蚀脆弱性影响的分级

分级	不脆弱	轻度脆弱	中度脆弱	高度脆弱	极脆弱
R 值	<25	25～100	100～400	400～600	>600
土壤质地	石砾、沙	粗砂土、细砂土、黏土	面砂土、壤土	砂壤土、粉黏土、壤黏土	砂粉土、粉土
地形起伏度（m）	0～20	20～50	51～100	101～300	>300
植被	水体、草本沼泽、稻田	阔叶林、针叶林、草甸、灌丛和萌生矮林	稀疏灌木草原、一年二熟粮作、一年水旱两熟	荒漠、一年一熟粮作	无植被
分级赋值（C）	1	3	5	7	9
分级标准（SS）	1.0～2.0	2.1～4.0	4.1～6.0	6.1～8.0	>8.0

资料来源：国家环保总局. 生态功能区划技术暂行规程[R]. 北京：2002.

② 土壤侵蚀脆弱性综合评价

土壤侵蚀脆弱性指数按照下式计算

$$SS_j = \sqrt[4]{\prod_{i=1}^{4} C_i}$$

式中，SS_j 为 j 空间单元土壤侵蚀脆弱性指数；C_i 为 i 因素敏感性等级值。

由于不同区域的降水、地貌、土壤质地与植被对土壤侵蚀的作用不同，也可以运用加权方法来反映不同因素的作用差异。

$$SS_j = \sum_{i=1}^{4} C(i,\ j) W_i$$

式中，SS_j 为 j 空间单元土壤侵蚀脆弱性指数；C_i 为 i 因素敏感性等级值；W_{ij} 为影响土壤侵蚀性因子的权重。

(2) 沙漠化脆弱性

沙漠化是在极端干旱、干旱、半干旱和部分半湿润地区的沙质地表条件下，由于自然因素或人为活动的影响，破坏了自然脆弱的生态系统平衡，出现了以风沙活动为主要标志，并逐步形成风蚀、风积地貌结构景观的土地退化过程。沙漠化是土壤侵蚀发生到一定程度之后的生态退化现象，是荒漠化的一种，其特征是在沙质地表条件下产生。

土地沙漠化脆弱性可以用湿润指数、土壤质地及起沙风的天数等来评价（表 5.15）。

表 5.15　沙漠化脆弱性分级指标

脆弱性指标	不脆弱	轻度脆弱	中度脆弱	高度脆弱	极脆弱
湿润指数	＞0.65	0.5～0.65	0.20～0.50	0.05～0.20	＜0.05
冬春季大于 6 m/s 大风的天数	＜15	15～30	30～45	45～60	＞60
土壤质地	基岩	黏质	砾质	壤质	沙质
植被覆盖(冬春)	茂密	适中	较少	稀疏	裸地
分级赋值(D)	1	3	5	7	9
分级标准(DS)	1.0～2.0	2.1～4.0	4.1～6.0	6.1～8.0	＞8.0

资料来源:国家环保总局.生态功能区划技术暂行规程[R].北京:2002.

根据上述评价因子可以构造出沙漠化脆弱性指数,计算方法如下:

$$DS_j = \sqrt[4]{\prod_{i=1}^{4} D_i}$$

式中,DS_j 为 j 空间单元沙漠化脆弱性指数;D_i 为 i 因素敏感性等级值。

(3) 石漠化脆弱性

石漠化是在热带、亚热带湿润、亚热带半湿润气候条件和岩溶极其发育的自然背景下,受人为活动干扰,使地表植被遭受破坏,导致土壤严重流失,基岩大面积裸露或砾石堆积的土地退化现象,也是岩溶地区土地退化的极端形式。石漠化也是土壤侵蚀发生到一定程度之后的生态退化现象,最常见于喀斯特地区。

石漠化脆弱性首先看其是否为喀斯特地形,通常非喀斯特地貌的石漠化敏感性很低,而石灰岩、白云岩非常发育的喀斯特地貌是最易产生石漠化的地区。除此之外,坡度与植被覆盖度是确定石漠化程度的重要依据(表 5.16)。

表 5.16　石漠化脆弱性评价指标

脆弱性	不脆弱	轻度脆弱	中度脆弱	高度脆弱	极脆弱
喀斯特地形	不是	是	是	是	是
坡度(°)		＜15	15～25	25～35	＞35
植被覆盖(%)		＞70	50～70	20～30	＜20

资料来源:国家环保总局.生态功能区划技术暂行规程[R].北京:2002.

(4) 土地盐渍化脆弱性

土地盐渍化脆弱性是指旱地灌溉土壤发生盐渍化的可能性。可根据地下水位来划分敏感区域,再采用蒸发量、降雨量、地下水矿化度与地形等因素划分敏感性等级。

在盐渍化脆弱性评价中，首先应用地下水临界深度(即在一年中蒸发最强烈季节不致引起土壤表层开始积盐的最浅地下水埋藏深度)划分敏感与不敏感地区(表5.17)，再运用蒸发量、降雨量、地下水矿化度与地形指标划分等级(表5.18)。

表 5.17 各地区地下水临界水位深度

地　区	轻沙壤	轻沙壤夹黏质	黏质
黄淮海平原	1.8～2.4 m	1.5～1.8 m	1.0～1.5 m
东北地区	2.0 m		
陕晋黄土高原	2.5～3.0 m		
河套地区	2.0～3.0 m		
干旱荒漠区	4.0～4.5 m		

资料来源：国家环保总局.生态功能区划技术暂行规程[R].北京：2002.

表 5.18 土地盐渍化脆弱性评价指标

脆弱性要素	不敏感	轻度敏感	中度敏感	高度敏感	极敏感
蒸发量/降雨量	<1	1～3	3～10	10～15	>15
地下水矿化度(g/L)	<1	1～5	5～10	10～25	>25
地形	山区	洪积平原、三角洲	泛滥冲积平原	河谷平原	滨海低平原、闭流盆地
分级赋值(S)	1	3	5	7	9
分级标准(YS)	1.0～2.0	2.1～4.0	4.1～6.0	6.1～8.0	>8.0

资料来源：国家环保总局.生态功能区划技术暂行规程[R].北京：2002.

根据上述评价因子可以构造出土地盐渍化脆弱性指数，计算方法如下：

$$YS_j = \sqrt[4]{\prod_{i=1}^{4} S_i}$$

式中，YS_j 为 j 空间单元土壤侵蚀敏感性指数；S_i 为 i 因素敏感性等级值。

5. 自然灾害危险性

自然灾害危险性是为评估特定区域自然灾害发生的可能性和灾害损失的严重性而设计的指标。该指标包含了自然灾害致灾因子和成灾程度两个方面，具体通过自然致灾因子综合指数和自然灾害成灾综合指数来反映自然灾害对地域功能识别的影响，及对未来国土空间开发和功能布局的现实和潜在的影响(戴尔阜，2008)。基于服务空间功能分区的目标，自然灾害危险性评价从破坏力、影响范围和灾害损失程度三个角度考虑，选择对人口、城镇发展、产业布局等有直接影响的几种主要致灾因子进行综合分析及危险性评价，包括地震灾害、地质灾害、洪涝灾害等。

自然灾害危险性评价首先根据洪水灾害、地质灾害、地震灾害、热带风暴潮灾害发生频次及强度等，进行单因子自然灾害危险性评价。接着对单因子评价的自然灾害危险性进行区域复合，判断区域自然灾害危险性是单因子作用还是多因子作用。对单因子作用的自然灾害危险性区域，根据单因子自然灾害危险性结果确定区域自然灾害危险性程度；对多因子综合作用的自然灾害危险性区域，采用最大因子法等确定自然灾害危险性。

与大尺度功能区划不同的是，中小尺度功能分区不仅需要评价区域总体的自然灾害危险性，还要评价出自然灾害对哪些特定地区存在怎样具体的影响，并将这些地方划分出来，避免或禁止城市化工业化开发。因此在中小尺度功能分区工作中，自然灾害危险性评价更注重灾害的微观影响。

(1) 地震灾害危险性

地震灾害的潜在危险主要来自活动断层，地震灾害危险性评价的主要依据是断层的活动性，同时结合本地区主要活动断裂带发生的历史地震震级大小，并考虑地震断裂带的避让宽度而做出综合性评估。

评价断层的活动性主要根据断层在晚第四纪(10 万年)以来的活动速率。沿活动断裂带发育的地质体和构造地貌特征，随着时间的推移、断层活动的持续，构造错断的距离会不断地加大，经受断层错动的时间长短不同，其错距的大小与地质体和构造地貌特征发育的年代表现为明显的函数关系。断裂的平均活动速率 V 由下面的公式求得：

$$V = \frac{\Delta D}{\Delta t}$$

式中，ΔD 为断层累积位移量；Δt 为断层活动时间。

根据断层活动性划分出活动断层的地震危险性，并按照相关研究和国家规定将断层周边一定宽度的区域划分为危险区。基于不同类型的地震断裂产生的地表破裂带宽度的统计，通常将地震断层两侧各 15 m、共计宽度为 30 m 的范围作为“避让带”。同时，一些地震多发的国家和地区，如美国、日本和中国台湾，已经立法在活动断裂带两侧 200 m 范围内禁止大型工程的建设，即活动断裂带两侧 200 m 范围为大中型工程或城市的“禁建带”。功能分区中可以根据本地区的具体开发条件选择合适的避让宽度。

(2) 地质灾害危险性

地质灾害指在自然或人为因素的作用下形成的，对人类生命财产、环境造成破坏和损失的地质作用或现象，主要的地质灾害类型包括崩塌、滑坡、泥石流、地面塌陷等。由于地质灾害大多发生在山地地区，因此对于地质灾害危险性评价可以对山地灾害现象起主要作用和影响的因素与指标，按区域因素的相似归类与差异分类进行山地地质灾害危险性综合分析评估。有条件的地方可以选择当地较常发生的地质灾害类型，根据具体灾害的成灾模型进行更加精确的评价。

地质灾害危险性综合评估是由“危险性指数”来加以划分的，危险性指数的确定考虑了地质背景、地形地貌、气候、水文、植被、灾害发生密度、人类工程与社会经济活动等多种因素，由半定性半定量的法则来进行评定，采用相同或相似“归类”、相异“分级”的原则。

危险性指数按照下式计算：

$$W_j = \sum_{i=1}^{n} \theta_i \times Q_i$$

式中，W_j 为各评价单元的危险性指数；θ_i 为控制地质灾害危险程度的各类因素作用权重；Q_i 为控制地质灾害危险程度的各类因素的指数。

控制地质灾害危险程度的因素包括地质条件（构造断裂密度、工程地质岩土体种类、地壳活动性）、地貌条件（地形坡度、切割深度）、气候条件（降雨量）、水文条件（河流发育密度）、植被条件（植被覆盖率）、人为条件（人口密度、工程密度）等 11 个因素，按照每种因素的具体情况确定其划分标准和对应的归一化指数（表 5.19）。

表 5.19　地质灾害危险性综合评价因子及权重

影响条件	因素	单位	级别划分				权重值
			对应归一化指数				
地质背景条件	构造断裂密度	$km/1\ 000\ km^2$	>300	300～200	200～100	<100	0.12
			1.0	0.75	0.5	0.25	
	工程地质岩土体种类	种	>5	5～3	3～2	<2	0.09
			1.0	0.75	0.5	0.25	
	地壳活动性	地震烈度	>8	8～7	7～6	<6	0.08
			1.0	0.75	0.5	0.25	
地貌条件	地形坡度	度	>25	25～10	10～5	<5	0.12
			1.0	0.75	0.5	0.25	
	切割深度	m	>1 000	1 000～500	500～100	<100	0.08
			1.0	0.75	0.5	0.25	

（续表）

影响条件	因素	单位	级别划分				权重值
			对应归一化指数				
气候条件	降雨量	mm	2 000～1 600	1 600～1 200	1 200～800	<800	0.16
			1.0	0.75	0.5	0.25	
水文条件	河流密度	km/100 km²	>75	75～60	60～40	<40	0.04
			1.0	0.75	0.5	0.25	
植被条件	森林覆盖率	%	<10	10～20	20～30	>30	0.05
			1.0	0.75	0.5	0.25	
灾害	灾害密度	处/1 000 km²	>10	10～5	5～3	<3	0.16
			1.0	0.75	0.5	0.25	
	工程密度	处/1 000 km²	50	50—30	30—10	<10	0.10
			1.0	0.75	0.5	0.25	
人为条件	人口分布密度	人/km²	>200	200～100	100～50	<50	0.08
			1.0	0.75	0.5	0.25	

资料来源：樊杰. 国家汶川地震灾后重建规划：资源环境承载能力评价[M]. 北京：科学出版社，2009.

地质灾害危险性指数值(W_j)综合反映了各主要因素对形成山地灾害的可能贡献，其值越大，危险性程度越高。按危险程度大小，可分为高度危险区、中度危险区、低度危险区和基本无危险区等四个等级(表 5.20)。

表 5.20　地质灾害危险性分级标准表

危险性指数	<0.5	0.5～0.6	0.6～0.7	>0.7
危险程度	基本无危险区	低度危险区	中度危险区	高度危险区

(3) 洪涝灾害危险性

洪涝灾害是我国发生频次高、危害范围广、破坏缺失最严重的自然灾害之一。对于大尺度而言，洪涝灾害危险性的主要体现是洪水，但对于中小尺度而言，洪涝灾害危险性来自两个层面。

在宏观层面，洪涝灾害危险性与所处地区的气候、地形、地貌和水文等因素及人类活动均有关系，其中气候因素是最主要和最根本的因素。我国绝大部分地区的洪水是由暴雨形成的。宏观层面的因素决定了洪水的发生以及洪水量。

而微观层面，洪涝灾害危险性由局地的地势、排水条件决定，主要影响积水或内涝的地点、面积、积水深度等。

在市县空间规划中，宏观因素造成的洪水一般通过水利防洪设施的建设来抵御，只需要按照法律法规的要求，严格执行水利设施、河道、蓄滞洪区、行洪区等范围严禁进行任何城市建设的规定，无须进行特定的评价。相比之下，微观地形则是影响城乡内涝、积水情况的重要因素。地势低洼地区不仅在遭遇重大洪灾时有受灾威胁，在暴雨时还会饱受内涝之苦，因此在中小尺度功能分区中，微观地形对洪水成灾的具体影响才是评价的重点。在具体的评价过程中，可以根据境内主要河流的多年水文资料，结合当地的地形地貌和防洪设施的分布，利用 GIS 手段模拟出常年汛期的洪水淹没范围和内涝范围，作为评价洪涝灾害危险性的依据。

6. 未来发展潜力

(1) 人口集聚度

在中小尺度上，人口集聚度主要评价本地区在未来的发展中可能出现的人口变动趋势。具体评价过程可以根据现状人口密度、人口流动强度和人口流入流出净值等指标，利用 GIS 空间分析手段拟合未来的人口空间发展趋势。

(2) 交通优势度

交通优势度是为了评估一个地区交通设施优劣和通达水平高低而设计的一个集成性评价指标项，由交通网络密度、交通干线影响度和区位优势度三个基础指标项构成。在中小尺度功能分区中，交通优势度评价可以采用空间可达性分析模型，以本地区未来的公路、铁路等交通基础设施网络为基础设计分析底图，用 GIS 空间分析方法计算不同地区到不同目的地(如域内和域外的中心城市)的通行时间，最后得出本地区的交通优势度评价结果。

(3) 社会经济发展潜力

社会经济发展潜力评价可以选择能够体现本地区未来发展潜力的社会经济指标，如经济产值、居民生活水平、科技创新水平等，以统计数据为基础构造指标项算法。

5.3 区划方案集成

区划方案的集成分为两个阶段，第一个阶段是在指标项评价结果的基础上得出本地区功能适宜性的空间分异格局，第二个阶段是在功能适宜性空间分异格局的基础上得出最终的区划方案。

5.3.1 综合集成评价

综合集成评价以指标项评价结果为基础，以主导因素法为核心方法，根据不同的功能类型来选择相应指标、确定指标权重、设计评判方法，将城镇化发展区、农产品主产区、生态功能区和禁止开发区域的大致格局划分出来。在综合集成的过程中，刚性指标和柔性指标同时得到了应用。一方面，利用柔性指标得出适宜性评价分值，定量地支撑评价结果；另一方面，运用刚性指标突出主导因素的作用，起到定性评判的作用。

1. 柔性指标集成

所谓柔性指标，是以国土空间综合评价结果为依据，按照单项指标得分的分值确定国土空间对不同类型功能区的适宜性。由于得出的是适宜性分布格局，距离最终的区划方案还有调整的空间，因此是“柔性”的。但是功能适宜性格局对于最终的区划方案有着非常大的指导意义，基本决定了功能分区的总体空间结构，因此在综合集成过程中是非常重要的。

柔性指标集成主要用于确定城镇化发展区、农产品主产区、生态功能区 3 类功能区的备选区域。具体做法是在国土空间综合评价中选择表征发展功能、农业功能和生态功能的主导因素，根据主导因素的评价结果来遴选三类基本功能区的备选区域。主导因素的选择方法一般是：①城镇化发展区以开发条件、未来发展潜力作为正向主导因素，自然灾害危险性作为负向主导因素；②农产品主产区以农业发展条件作为正向主导因素，自然灾害危险性作为负向主导因素；③生态功能区以生态重要性、生态脆弱性作为正向主导因素。

根据主导因素法集成出的 3 类功能适宜空间通常会相互复合叠加，对于复合功能空间可以参考本书第 3.2 节“功能空间的复合和识别”章节中提出的相关方法进行初步判定识别，使功能适宜性空间分异格局更加明晰。

2. 刚性指标集成

所谓刚性指标是指将国土空间综合评价中某些对于表征特定类型功能区具有强烈指向意义的指标作为划定相关类型功能区的直接依据，而不考虑其他指标项评价结果的影响。由于根据刚性指标集成所确定的功能区归属通常直接纳入最终的区划方案，对区划结果具有决定性意义，因此是“刚性”的。

刚性指标又分为正向指标和负向指标。正向的刚性指标体现出最强的功能适宜导向，满足条件的空间被直接评价为“最适宜”的功能空间，比如将农业发展条件最高级的地块直接划分为农产品主产区，将生态重要性最高级的地块直接划分为生态功能区，将自然灾害危险性最高级的地块直接划分为禁止开发区域等；而负向的刚性指标则体现出强烈的功能斥力，满足条件的空间被直接评价为“最不适宜”的功能空间，实现“一票否决”，比如将自然灾害危险性最高级的地块直接从城镇化发展区中去除。

刚性指标的遴选以及集成原则通常根据规划区自身的国土空间态势来灵活把握。

5.3.2 划分各类功能区

划分各类功能区即区划方案最终确定的过程。由于市县空间规划涉及面更广，因此功能分区工作不仅仅要以科学为依据，更要与各空间管理部门相衔接，广泛吸纳社会各界的意见，才能保障规划的可实施性。因此，本书提出了一套专家主导与部门协商相结合、刚性约束与柔性调控相结合的功能区划分和决策方法。功能分区的决策过程共有以下三种机制：

(1) 以国土空间综合评价结果为基础

以主导因素法为核心，按照城镇化、农业和生态三大类基本功能对评价结果进行综合集成，并借鉴各种区划辅助方法，得出功能区空间分布的基本格局。这是确定功能区格局的基本方法，也是功能区划结果科学性的重要依据，因此往往是划分各类功能区第一步要做的工作。

(2) 将刚性约束因素纳入分区方案

刚性约束分为两类。一是空间性的，即上文所述的“刚性指标集成”，根据评价结果或法律法规不宜划分为某类功能区的空间，对其进行“一票否决”；二是指标性的，在最终形成的功能分区方案中，不同类别功能区之间的数量关系必须符合上位空间规划提出的指标要求，使得功能分区方案能够与上层位空间规划相衔接。

(3) 合理吸纳部门意见和专项规划成果

为了提高分区方案的代表性和可实施性，功能分区也应充分听取各职能部门的意见。可以在不抵触刚性约束的前提下，以国土空间综合评价结果和功能适宜性空间格局为客观依据，确定分区方案可以调整的弹性空间，在一定范围内尽可能满足各空间管治职能部门、各地方和社会各界的意见和要求。

6 沿海发达地区典型案例——江苏省如东县空间功能分区

沿海发达地区是我国未来为经济发展提供增长动力的核心地区，当前面临的首要空间问题是快速城市化造成的空间开发失序。本章选取东部相对发达地区的典型县域——江苏省如东县，结合该县的实际情况和规划实践介绍该县的空间功能分区以及规划协调过程。

6.1 工作背景

6.1.1 如东县概况

如东县位于江苏省东部，隶属于南通市，濒临黄海，南临长江三角洲，与南通市通州区、如皋市和海安县接壤。如东县境基本为滨海平原，水网交错，东部地区成陆时间较晚，多湿地滩涂。全县土地总面积 2 009.8 km^2，其中农用地占 55%，水域占 24%，土地利用结构属于典型的农业县。2017 年全县常住人口共 98.03 万人，人口密度较高，但人口总量持续减少，净流出趋势明显。近年来，如东县由于临近长江三角洲地区，并且地处江苏省沿江开发和沿海开发战略的交汇点，成为苏中苏北地区经济增长速度最快的县域之一，2017 年地区生产总值达到 852.5 亿元，人均 GDP 接近 13 000 美元，位于苏中苏北地区前列，并连续多年跻身全国百强县(市)行列。

如东县地处长江三角洲核心区的北翼以及《江苏省城镇体系规划》所确定的沿江、沿海两条城镇化发展轴的交汇处，近年来城市化开发力度较大，以县城掘港镇和洋口港为中心，沿海一线工业开发区林立，建设用地扩张迅速，开发强度逐年上升。与此同时，根据《江苏省主体功能区规划》，如东县又被确定为省级限制开发区域，为沿海农产品主产区的一部分，不仅面临严格的基本农田保护任务，并且按照限制开发区域的管制要求，对于大规模工业化、城市化开发也有强力的约束。因此在当前城镇化发展需求十分旺盛、急迫的背景下，“开发”和“保护”的矛盾在如东县十分突出，这也给该县编制城市规划、土地利用规划等各类基层空间规划的相关工作带来了较大的难度。

6.1.2 空间功能分区在如东县空间规划“多规合一”中的规划地位

由于处在特殊的发展阶段，如东县的国土空间开发面临诸多挑战，亟须从规划上明确未来的发展格局。因此，在县城和各镇城市总体规划编制以及土地利用规划修编前夕，该县决定编制《如东县城乡统筹规划》作为全县域城乡发展的总体指引，并在其中开展国土空间功能分区工作，落实上位空间规划对于本县功能定位和空间发展的若干要求和约束，指导和协调后续城市总体规划、各镇总体规划和土地利用规划的编制、修编工作。

为保障国土空间功能分区方案在空间规划“多规合一”的过程中起到“一张蓝图”的作用，该规划进行了若干框架性和制度性的安排：①规划范围为如东县行政管辖范围全境，并包含近海海域，确保功能分区空间全覆盖；以 1∶5 000 数字地形图为底图，纳入国土资源空间数据管理系统，确保能够以国土空间功能分区为基础实现空间规划“一张底图”。②规划实施主体为县人民政府，在规划编制时，成立以县行政领导为核心、各部门负责人参与的工作领导小组，确保规划牵头单位与县政府各职能部门、各镇政府的协调顺畅。③在涉及基本农田保护范围、城镇建设用地控制范围、生态红线以及近海海域开发范围等重要空间边界的确定时，建立多部门参与的沟通协商机制，充分发挥国土、规划、发改等部门的作用，有助于空间管制措施在部门空间规划中得到落实。

6.1.3　空间功能分区的原则

如东县国土空间功能分区工作遵循如下原则：

(1) 专家主导与部门协商相结合。国土空间功能分区以地域功能空间组织规律为指导，建立在详细、全面、客观的国土空间综合评价的基础上，结合区划技术手段，最终确定国土空间开发格局。在这个过程中必须以科学为准绳，发挥专家的主导作用。另一方面，为了与上下层级的空间规划相衔接，主导县域各类空间规划的职能部门也需要参与功能分区的过程，在最终方案的形成过程中，课题组与发改、国土、规划、建设、农业等部门以及各乡镇政府进行了多次协调会商，保证了规划方案的广泛代表性。

(2) 刚性约束与柔性调控相结合。在功能分区的过程中，刚性约束与柔性调控是并存的。根据客观评价结果得出的必须保护或不适宜开发的空间、根据上位规划或法律法规的规定必须要采取某类管制措施的空间以及上位规划确定的各类约束性指标等都是刚性的，需要在国土空间功能分区中得到贯彻；在符合刚性约束的前提下，分区结果在广泛征求意见的基础上统筹考虑各部门、各地区的需求，并对规划方案进行调整，使得最终方案在客观科学的基础上能够反映出各部门、各地区的发展诉求。

(3) 国土开发与陆海统筹相结合。多数情况下，国土空间功能分区的工作对象以陆地空间为主，从区划指导思想、功能区分类体系、评价指标体系、分区技术流程等方面都是以陆地系统的功能空间组织规律为基础。然而如东县不仅拥有 106 km 的海岸线，还是江苏省沿海开发的前沿，近年来港口和工业建设对近海海域的空间需求不断扩大，填海造陆与海洋生态功能维护、渔业发展和周边地区用海产生的矛盾逐年增加。因此，在空间功能分区的过程中，要立足如东独特的地理环境和发展方式，充分考虑陆地系统和海洋系统的功能联系，形成陆海联动的功能分区方案。

6.2　功能分区工作过程

6.2.1　功能区分类体系

如东县国土空间功能分区作为本县顶层的空间功能分区，需要体现出承上启下的作用。一方面,它应该是对上位功能区划方案的细化,在分区类型上对接主体功能区规划;另一方面,出于指导部门空间规划的目的,分类体系应与城乡用地分类、土地利用分类标准相衔接。因此,如东县国土空间功能分区的分类体系分为城镇化发展区、农产品主产区、生态功能区和禁止开发区域共 4 大类。其中,城镇化发展区、农产品主产区和生态功能区分别对应城市化、农业和生态 3 大类基本地域功能,这种分类框架既符合地域功能理论的基本原理,也在德国、荷兰等发达国家的空间规划中得到广泛采用;同时,主体功能区规划中划定的“禁止开发区域”由于空间尺度较小、精度较高,被纳入县域功能区分类体系。在大类之下,根据空间管制要求的不同,又分为 7 个小类(表 6.1)。

表 6.1 如东县国土空间功能分区的分类体系

大类	小类	内　　涵
城镇化发展区	重点城镇化发展区	满足县城、重要港口和省级以上开发区空间开发的用地需求
	一般城镇化发展区	满足建制镇镇区和其他开发区空间开发的用地需求
农产品主产区	重点农产品主产区	为了对基本农田实行特殊保护而划定的区域
	一般农产品主产区	不被划入基本农田的耕地、茶园、果园、坑塘、设施农用地等农业空间,以及普通农村居民点
生态功能区	陆地生态功能区	具有重要生态功能的森林、草地、湿地、水体等
	海洋生态功能区	具有重要生态功能的海域
禁止开发区域	—	完全禁止工业化和城镇化开发的国土空间

根据这一分类体系,上位规划确定的空间结构、管制分区和调控指标可以得到较好的承接。另一方面,该分类体系为各部门空间规划所需要划分的功能区与用地类型预留了接口,有条件实现功能分区方案与各部门空间规划方案的转换。在这一过程中部门协调非常重要,部分区划工作主动与各空间规划编制实施部门对接,发挥各部门在特定工作上的优势,确保方案的准确性和可实施性,从而促进多种规划之间的相互融合。

6.2.2 数据来源

功能分区以当地政府提供的空间数据和统计资料为基础,补充以部分公开地理信息数据,构建如东县国土空间综合评价数据库。数据库主要由如下数据构成：

(1) 统计数据：主要分为人口数据、社会经济数据和土地利用数据三部分。人口数据包括分行政村的常住人口、流动人口和迁出人口等，来源为第六次人口普查和各乡镇派出所；社会经济数据包括地区生产总值及其构成、财政收入、固定资产投资、农民人均年收入、社会商品零售额等，来源为统计年鉴和县统计局；土地利用数据包括各行政村土地利用现状汇总表和基本农田分布，来源为如东县第二次土地利用调查。

(2) 空间数据：原始数据包括如东县 1∶5 000 数字地形图、如东县第二次土地利用调查数据库、30 m 格网数字高程模型(DEM)、250 m 格网 MODIS 植被指数数据(MOD13Q1)等，另有从规划、建设、林业、农业、环保、交通等部分收集到的各类地图数据，经后期处理统一存入 GIS 空间数据库。

6.2.3　国土空间综合评价

国土空间综合评价是功能分区的基础，其目标是揭示如东县国土空间开发现状，并识别国土空间的地域功能适宜性，为划分各类功能区提供客观依据。

1. 国土空间综合评价的指标体系

按照县域尺度地域功能的形成机理，构建了包含土地资源开发适宜性、农业发展适宜性、生态重要性、环境容量、人口集聚度、社会经济发展潜力、交通优势度等 7 个指标项的国土空间综合评价指标体系，涵盖 21 个与地域功能空间格局形成有关的评价因子。这 7 个指标项的选择反映了地域功能形成过程的三个维度：一是表征地域系统本底功能的自然维度，如生态重要性等；二是表征地域系统对人类活动起到支撑作用的承载力维度，如环境容量等；三是表征人类活动利用国土空间取得效益的社会经济维度，如人口集聚度等。通过上述三个维度构建的指标体系符合地域功能的空间组织机理，也对于功能区分类体系具有很强的指向性。

为了尽可能地体现如东县国土空间的特点，指标体系中还增加了部分地域性显著的指标项和评价因子，如在生态重要性评价中增加了海域生物多样性保护因子，在环境容量评价中增加了近海海域环境容量因子等。与此同时，也删去了一些虽然常用但在本地适用性不强的指标项和评价因子，如考虑到本县无重大自然灾害威胁而不设置自然灾害危险性指标项，又如考虑到本县地势开阔、大气扩散条件好且差异性极小，在环境容量指标项中不考虑大气环境容量这一评价因子(表 6.2)。

表 6.2 如东县国土空间综合评价指标体系和评价结果

指标项	评价因子	评价尺度
土地资源开发适宜性	坡度、 土地利用现状、 地质条件	30 m 格网
农业发展适宜性	坡度、 土地盐渍化程度、 粮食单产潜力、 总产潜力、 土地利用现状	30 m 格网
生态重要性	水源涵养重要性、 陆域生物多样性保护重要性、 海域生物多样性保护重要性	30 m 格网
环境容量	水环境容量、 近海海域环境容量	乡镇
人口集聚度	人口密度、 人口流动强度	30 m 格网
社会经济发展潜力	人均地区生产总值及其增长、 人均财政收入及其增长、 人均固定资产投资及其增长、 人均消费水平	乡镇
交通优势度	交通可达性、 交通设施优势度(车站、高速出口、港口)	30 m 格网

2. 指标项评价过程

(1) 土地资源开发适宜性

如东县位于临海滩涂平原，地势平缓，全县海拔和地势起伏均不超过 10 m，因此从高程和坡度的角度分析，全县可利用土地资源十分丰富，适合进行大规模城市化和工业化开发。与此同时，如东由于地处我国重要的农产品主产区，耕地面积广阔，基本农田保护区面积较大，会对国土开发存在一定的影响。

本评价结合坡度、地质条件和土地利用现状的分析结果，采取分级赋值、矩阵判别的方法，按照用地适宜性分为从高到低的 5 级，从而得出土地资源用地适宜性综合评价结果。根据评价结果可以总结出：土地资源开发适宜性高的土地约有 354.1 km^2，较高的土地约有 194.1 km^2，两者之和约占全县土地面积的 27.3%，较不适宜和不适宜的约有 350.8 km^2，仅占 17.5%。

根据评价结果，全县土地资源空间开发适宜性最高的地区主要集中在两处：一是中心城市掘港镇以及各主要乡镇的周边地区，二是沿海的滩涂地区和填海造陆地区，而县域中西部基本农田较为集中的地区以及沿海重要生态功能区开发适宜性较低(图 6.1a)。

(2) 农业发展适宜性

如东县处于国家级农产品主产区——黄淮海平原以及国家重要近海渔业地区的范围内，农田广阔，河道纵横密布，水源充裕，渔业资源丰富，为著名的商品粮油和水产品基地。因此，农业生产将是如东县未来重要的地域功能之一，评价不同地域空间的农业发展条件，有利于推进农业的规模化发展，提高用地效率，优化国土空间结构。

农业发展适宜性评价通过地形条件、土壤条件、农产品生产潜力和用地分布 4 个因素得出，其中地势平缓、集中分布的耕地相对更适宜进行粮食、油料、蔬菜等作物的生产。经评价，全县大部分地区农业发展条件很好，土地条件区分度不大。最适宜农业开发的土地约 1 054.7 km^2，占 52.5%；较适宜的土地约 179.7 km^2，占 8.9%；相对不适宜的土地总共约 691.5 km^2，占 34.4%。

从空间分布来看，全县农业发展适宜性最高的地区分布在县域中西部马塘、岔河、双甸、新店、袁庄、河口、栟茶等镇的冲积平原地区(图 6.1b)。

(3) 生态重要性

评价生态系统的重要性，实施针对性的保护对维护生态安全、支撑区域可持续发展具有重要意义。如东县地处苏北沿海平原地区，大多数地区以耕地为主，生态系统类型以农田、湿地、滩涂为主，总体上生态重要地区面积较少，但在沿海一带相对集中分布，且生态重要性类型以生物多样性保护重要性为主。

生物多样性保护是生态保护的重要内容，不同地区生物多样性取决于野生动物，尤其是濒危珍稀动植物分布，以及典型和代表性的生态系统分布。如东县东部沿海地区是苏北沿海重要湿地保护区的延伸范围，是多种鸟类越冬、栖息的主要地区之一，生物多样性保护重要性较为突出；与此同时，如东外海是我国东部重要的近海水产品主产区，对环境条件十分敏感，其生态安全也将直接影响到水产品的产量和质量，进而影响到区域的食品安全。此外，县域内通海河流在河口附近形成的湿地对于水源涵养、台风防范等方面重要性突出，也是较为重要的生态功能区。根据如东地理特征、野生动植物资源的分布以及生态敏感区和生态系统服务功能分析可以评价得出，如东县共有陆地重要生态系统 191.74 km^2，

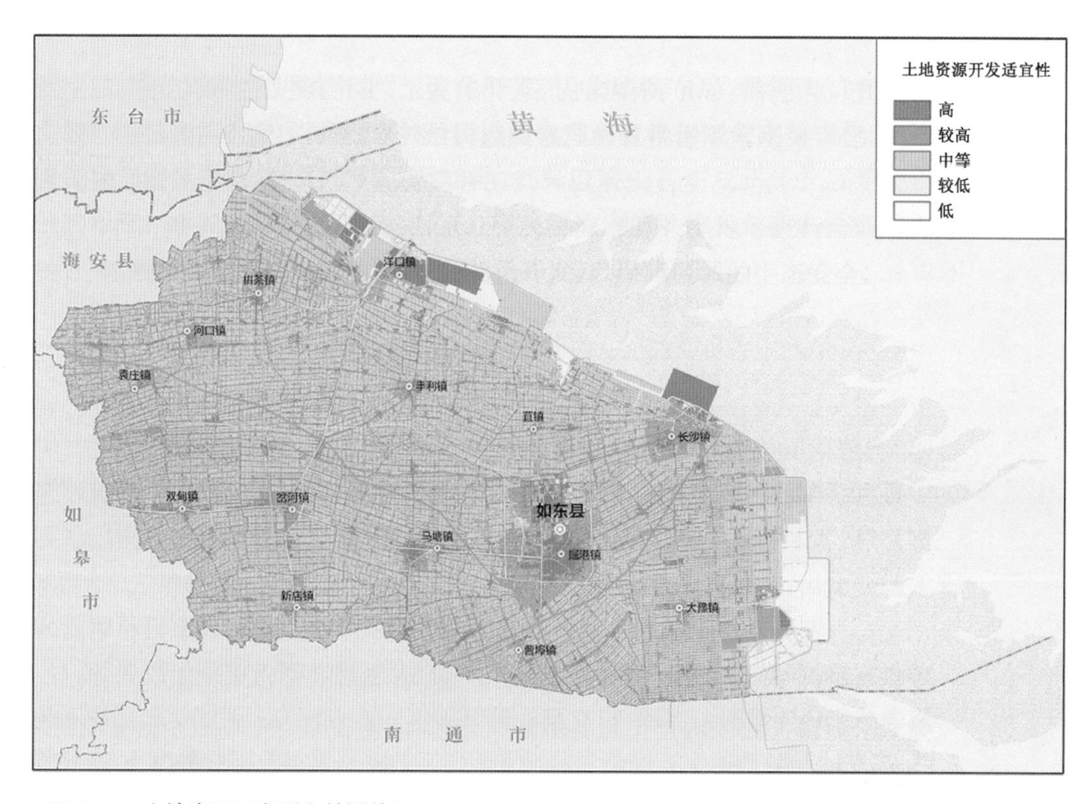

图 6.1a　土地资源开发适宜性评价图

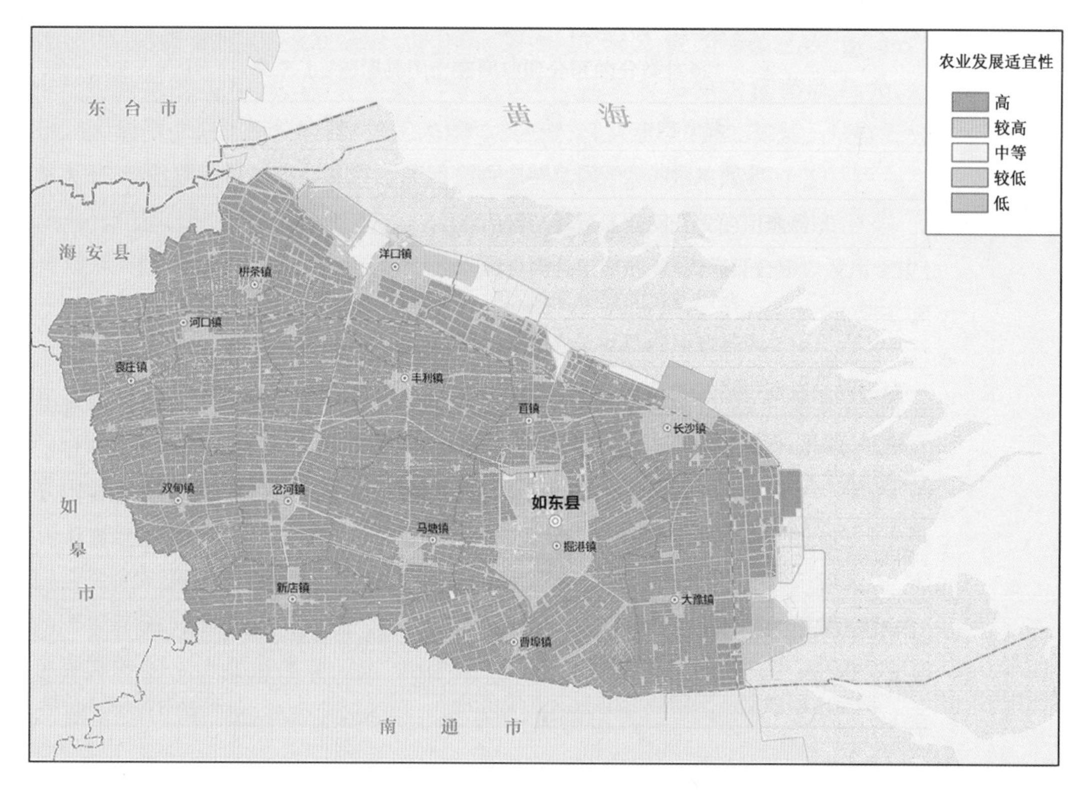

图 6.1b　农业发展适宜性评价图

占全县总面积的9.3%，另有海洋重要生态系统276.92 km^2。重要的重点生态功能区主要分布在如下3处(图6.1c)：

① 海岸带防护区：穿全县海岸线南北，以沿海滩涂和防护林为主。

② 北部重要渔业水域：位于洋口渔港以外海域。

③ 南部重要渔业水域：位于洋口港以南海域。

(4) 环境容量

环境容量主要考虑水环境容量和近海海域环境容量两个因子。水环境容量根据各乡镇地表径流的流量、流速以及污染物排放水平进行评价，近海海域环境容量根据沿海乡镇的海岸线分部、海域面积以及污染物排放水平进行评价。根据评价结果，沿海的丰利、苴镇、长沙和大豫4乡镇环境容量最高，最适合进行大规模城镇化和工业化开发；县城掘港镇以及西北部的洋口、栟茶、河口3镇环境容量次之；西南内陆地区的马塘、曹埠、岔河、新店、双甸、袁庄6镇环境容量最小(图6.1d)。

(5) 人口集聚度

“人口集聚度”是为评估一个地区现有人口集聚程度而设置的一个集成性指标项，由人口密度和人口流动强度两个要素构成，具体通过采用县域人口密度和吸纳流动人口的规模来刻画一个地区的人口集聚状态。

2013年如东全县常住人口密度为496人/km^2，总体人口密度较高，但人口总量近年来呈减少的态势，在外居住超过半年的常住人口12.74万人，人口净流出趋势明显。与此同时，如东中心城市人口集聚能力不高，掘港镇常住人口21.53万人，低于周边其他县市水平。

从空间格局看，如东县人口集聚呈一核三片模式：县城掘港镇为一个强人口集聚中心，县域西部、西北部和沿海三片区呈现较高的人口集聚水平，而省道334沿线则是最重要的一条人口集聚轴。可见，在未来的国土开发中，由掘港镇和洋口港开发区构成的港城一体化核心区仍然是全县人口经济集聚能力最高的地区，此外县域中一些重要发展轴线的沿线也具有很高的人口经济集聚潜力(图6.1e)。

(6) 社会经济发展潜力

社会经济发展潜力评价以乡镇为单位，选取人均地区生产总值及其增长、人均财政收入及其增长、人均固定资产投资及其增长、人均消费水平4个评价因子，揭示各乡镇社会经济发展现状条件以及成长趋势的空间分异格局。根据评价结果，县城掘港镇和临港工业集中分布的长沙镇是全县社会经济发展潜力最高的乡镇，其次为沿海乡镇大豫镇、全县第二大镇栟茶镇以及区位条件较好的河口镇，而西南部农业镇的社会经济发展潜力相对较小(图6.1f)。

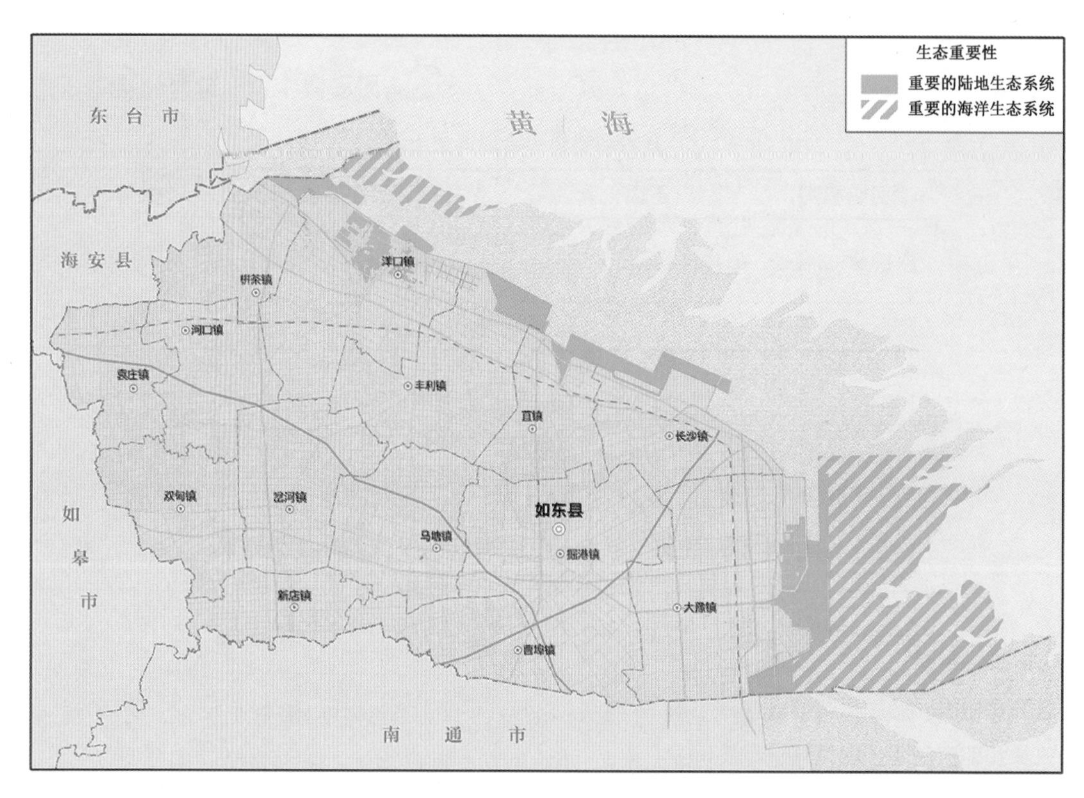

图 6.1c 生态重要性评价图

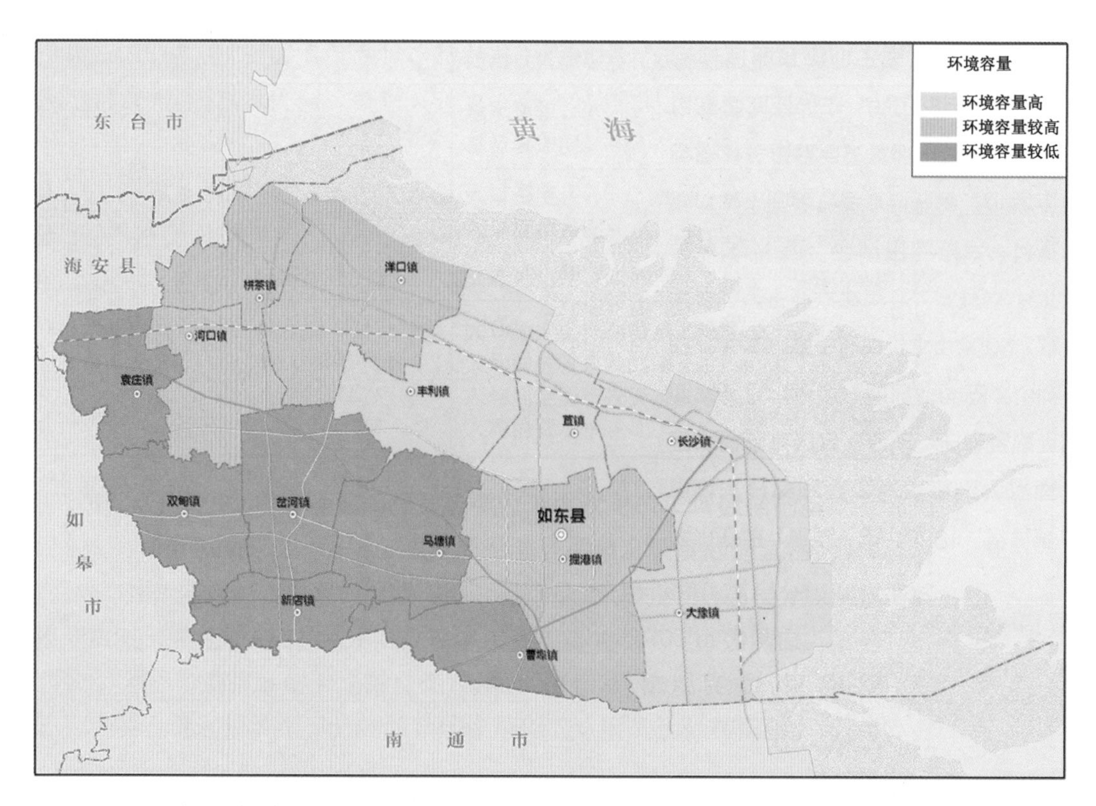

图 6.1d 环境容量评价图

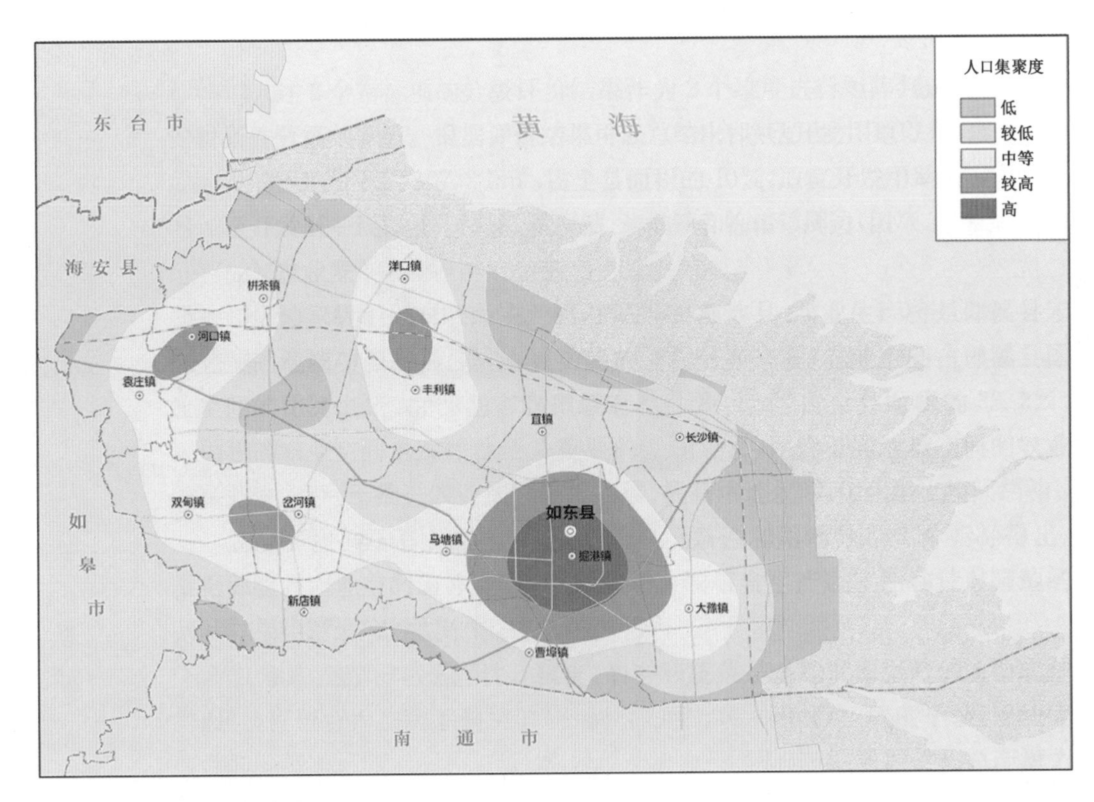

图 6.1e 人口集聚度评价图

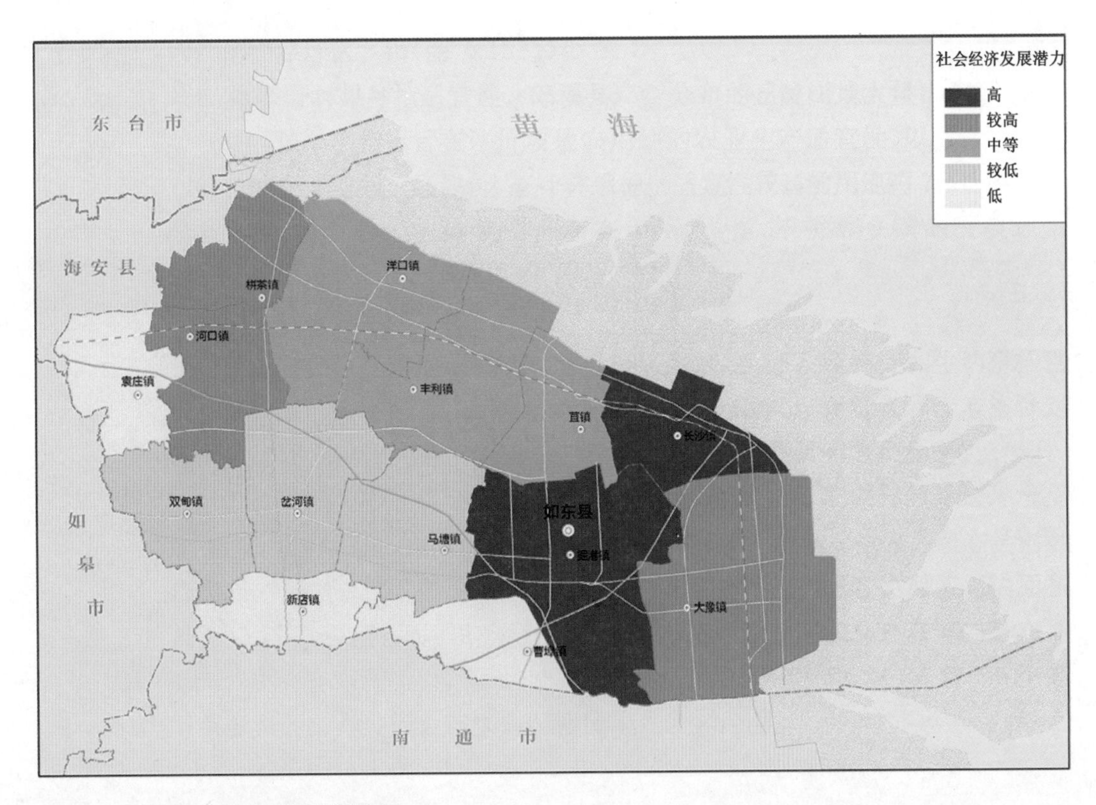

图 6.1f 社会经济发展潜力评价图

（7）交通优势度

“交通优势度”是为了评估一个地区交通设施优劣和通达水平高低而设置的一个集成性评价指标项，由交通可达性和交通设施优势度两个评价因子构成。

如东县地处我国沿江和沿海两大开发轴线的交汇处，距上海约 60 km，区位优势十分突出。另一方面，如东县现状交通条件相对一般，暂无高速公路相连接，铁路建设也是空白，距上海、南京等主要城市的出行时间都比较长，制约了全县的发展。但随着海洋铁路的开通，扬启高速、通锡高速等两条高速公路和若干条高等级公路的建成以及县乡交通基础设施的完善，未来本县的交通优势度将得到大大提升。

本评价采用空间可达性分析模型，以如东县未来的公路、铁路等交通基础设施网络为基础设计分析底图，用 GIS 空间分析方法计算不同地区到县城掘港镇、上海、苏州、南京等节点的通行时间，最后得出全县的交通优势度评价结果。根据交通优势度的空间分布，全县交通优势度最高的是县城掘港镇，其次是洋口港和栟茶、河口地区，形成一主两次的交通优势度峰值区，其余地区交通优势度较高的则主要沿重要交通线布局，广大农村地区通达性较弱，交通优势度亟待提升（图 6.1g）。

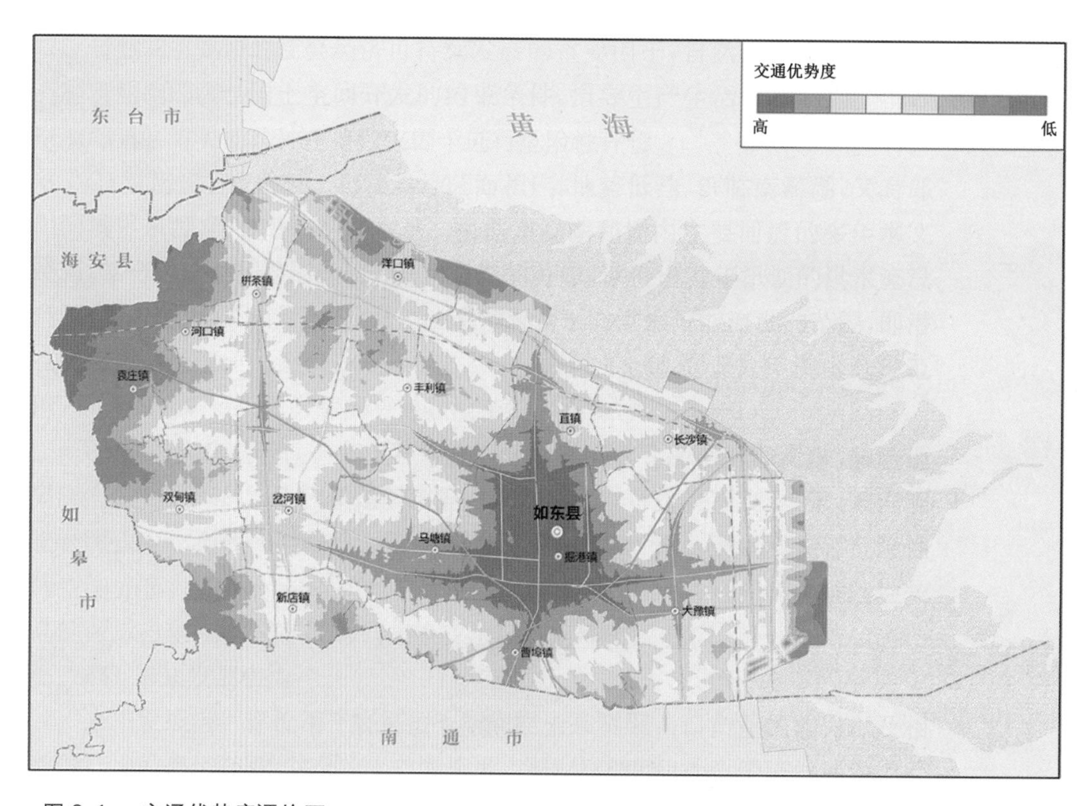

图 6.1g 交通优势度评价图

根据7个单项指标项评价结果可以看出如东县地域功能适宜性的空间格局呈现出以下特征：

① 土地资源丰富，开发空间广阔。全县以滨海平原为主，生态空间、坡地、难利用地比例极低，环境容量大，因此土地用地资源丰富，后备用地是已开发城镇建设用地面积的10倍左右，资源丰富度与长三角地区的县市和南通市其他辖县相比都有很大优势。

② 沿海生态保护重要性高，空间开发约束较强。全县虽然生态空间占比较低，但大多集中在沿海湿地、滩涂、沙洲和近海海域，而本县未来在沿海地区也计划布局大量的港口、工业区等开发空间，必然会与生态空间产生冲突。

③ 内陆耕地保护压力大，土地供需矛盾突出。内陆地区虽开发空间广阔，然而却是本县基本农田保护压力最大的地区，由于在主体功能区规划中被定位为农业类限制开发区域，巨大的耕地保护压力将对开发空间的布局影响巨大，尤其在建制镇周围土地供需矛盾将空前突出。

综上所述，如东县国土空间的地域功能适宜性格局总体上非常利于空间开发，但功能适宜性分布呈现出较明显的空间冲突，适宜城镇化发展的国土空间在沿海和内陆地区分别与生态空间和农业空间高度重合，这将是划分各类功能区所面临的核心难点。

6.2.4 划分各类功能区

为保证分区方案的科学性，同时有利于空间管制的实施，以满足总量控制目标的实现、符合空间结构设计的需求并尽可能地适应空间布局变化的不确定性，在划分如东县各类功能区的过程中，充分发挥了专家主导与部门协商相结合、刚性约束与柔性调控相结合的原则，综合运用多种方法来确定最终方案。

(1) 以国土空间综合评价结果为基础

国土空间综合评价结果全面反映了地域功能适宜性的空间分异，是划分各类功能区的核心依据。功能分区以主导因素法为核心，按照城镇化、农业和生态三大类基本功能对评价结果进行综合集成，并借鉴城镇吸引范围、GIS空间聚类、生态VSD模型等区划辅助方法，得出功能区空间分布的基本格局。

(2) 将刚性约束因素纳入分区方案

刚性约束分为两类。一是指标性的，比如如东县作为江苏省级农业类限制开发区域，开发强度不得超过20%，农业空间需保持在800 km^2 以上，因此最终形成的功能分区方案中，不同类别功能区之间的数量关系必须符合上位空间规划提出的指标要求。二是空间性的，即根据评价结果或法律法规不宜划分为某类功能区的空间，对其进行“一票否决”，如自然保护区、水源保护地等。

(3) 合理吸纳部门意见和专项规划成果

在保证科学性和刚性约束的前提下，功能分区也充分听取了各职能部门和各乡镇的意见。如在城镇化发展区的划定过程中，国土、规划部门和各镇政府的诉求都得到了较大范围的满足；在农产品主产区、生态功能区的划定过程中，国土、农业、环保、林业、海洋、渔业等部门不仅都有全面的参与，其相关专项规划的成果也对最终方案的确定起到了重要作用。

按照上述原则得出了如东县国土空间功能分区方案(图 6.2)。根据该方案，城镇化发展区、农产品主产区、生态功能区和禁止开发区域分别占全县陆地面积的 16.13%、71.69%、10.92%和 1.26%。城镇化发展区中，重点城镇化发展区由县城掘港镇和省级洋口港经济开发区构成，共 184.42 km^2；一般城镇化发展区由 11 个镇区和 2 个开发区构成，共 165.16 km^2。上述空间加上被划入农产品主产区的一般农村居民点共计约 405 km^2，可以确保 2020 年全县

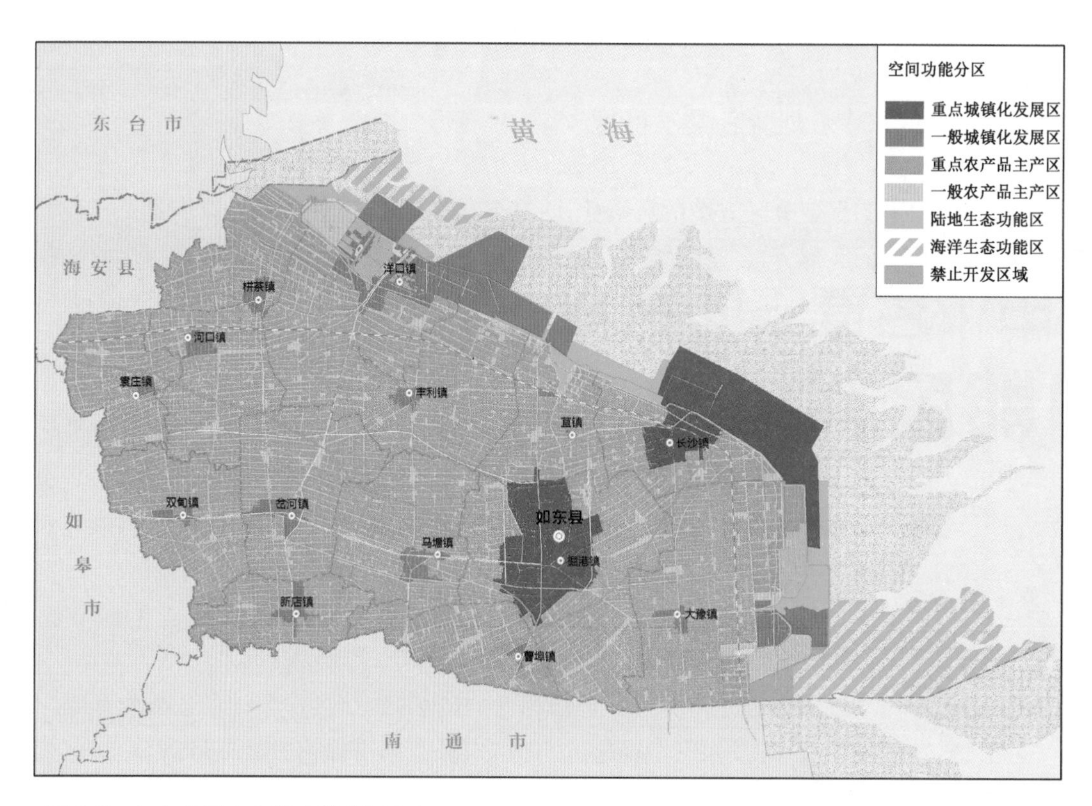

图 6.2 如东县国土空间功能分区方案

开发强度控制在20%以内；此外，城镇化发展区中包含72 km^2 填海面积，可在满足空间开发需要的同时尽量少地占用耕地。农产品主产区中，重点农产品主产区共1 054.67 km^2，若作为基本农田控制范围则高于上级国土部门下达的1 050 km^2 的指标要求；农业空间总计1 554.31 km^2，满足江苏省主体功能区规划对农产品主产区农业空间比例高于60%的控制要求。此外，该方案还划分出174.02 km^2 的海洋生态功能区，有利于维护近海生态系统，并对吕四、洋口两大渔场的近海渔业资源起到保护作用(表6.3)。

表6.3 国土空间功能分区结果统计

功能区类型	面积(km^2)	比例
城镇化发展区	349.58	16.13%
重点城镇化发展区	184.42	8.51%
一般城镇化发展区	165.16	7.62%
农产品主产区	1 554.31	71.69%
重点农产品主产区	1 054.67	48.64%
一般农产品主产区	499.64	23.05%
生态功能区	266.40	—
陆地生态功能区	236.96	10.92%
海洋生态功能区	174.02	—
禁止开发区域	27.39	1.26%

6.3 功能分区方案的规划实施

6.3.1 各类功能区的发展方向和开发原则

1. 重点城镇化发展区

(1) 统筹规划国土空间。适度扩大先进制造业空间，扩大服务业、交通和城市居住等建设空间，减少农村生活空间，扩大绿色生态空间。

(2) 促进人口加快集聚。扩大城市规模，尽快形成辐射带动力强的县域中心城市，促进其他城镇发展，城市规划和镇规划建设应预留吸纳外来人口的空间。

(3) 形成现代产业体系。大力承接产业转移，并运用新技术改造传统生产方式，加快发展服务业，增强产业配套能力，促进产业集群发展。

(4) 提高发展质量。确保发展质量和效益，工业园区和开发区的规划建设应遵循循环经济的理念，大力提高清洁生产水平，减少主要污染物排放，降低资源消耗和二氧化碳排放强度。

2. 一般城镇化发展区

(1) 引导人口产业集聚。扩大城镇规模，完善城市基础设施和公共服务，进一步提高城镇的人口承载能力。

(2) 适度发展产业。依托现有城镇，促进城市化进程，并选择适宜当地情况的产业发展道路，实现城市化和工业化的适度发展。

(3) 完善基础设施。统筹规划建设交通、能源、水利、通信、环保、防灾等基础设施，构建完善、高效、城乡统筹的基础设施网络。

(4) 保护生态环境。减少工业化、城镇化对生态环境的影响，避免出现土地过多占用、水资源过度开发和生态环境压力过大等问题，努力提高环境质量。

(5) 把握开发时序。区分近期、中期和远期开发区域并实施有序开发，近期重点建设好已批准的各类开发区，对目前尚不需要开发的区域，应作为预留发展空间予以保护。

3. 重点农产品主产区

(1) 加强土地整治，搞好规划、统筹安排、连片推进，加快中低产田改造，推进连片标准粮田建设。鼓励农民开展土壤改良。

(2) 加强水利设施建设，加快大中型灌区、排灌泵站配套改造以及水源工程建设。鼓励和支持农民开展小型农田水利设施建设。建设节水农业，推广节水灌溉。

(3) 优化农业生产布局和品种结构，搞好农业布局规划，科学确定不同区域农业发展重点，形成优势突出和特色鲜明的产业带。

(4) 加强农产品加工、流通、储运设施建设，引导农产品加工、流通、储运企业向主产区聚集。

(5) 控制农产品主产区开发强度，优化开发方式，发展循环农业，促进农业资源的永续利用。鼓励和支持农产品、畜产品、水产品加工副产物的综合利用。加强农业面源污染防治。

(6) 加强农业基础设施建设,改善农业生产条件。加快农业科技进步和创新,提高农业物质技术装备水平。强化农业防灾减灾能力建设。

(7) 积极推进农业的规模化、产业化,发展农产品深加工,拓展农村就业和增收空间。

(8) 农村居民点以及农村基础设施和公共服务设施的建设,要统筹考虑人口迁移等因素,适度集中,集约布局。

4. 重点生态功能区

(1) 对各类开发活动进行严格管制,尽可能减少对自然生态系统的干扰,不得损害生态系统的稳定性和完整性。

(2) 严格控制开发强度,逐步减少农村居民点占用的空间,腾出更多的空间用于维系生态系统的良性循环,原则上不再增加各类产业用地。

(3) 推进退耕还滩,维护或重建湿地、草地等生态系统。严格保护具有水源涵养功能的自然植被,禁止无序采矿、开荒等行为。加强重要水源上游地区的小流域治理和植树造林,减少面源污染。

(4) 禁止对野生动植物进行滥捕滥采,保持并恢复野生动植物物种和种群的平衡,实现野生动植物资源的良性循环和永续利用,保护自然生态系统与重要物种栖息地,防止生态建设导致栖息环境的改变。

(5) 在现有村镇布局基础上进一步集约开发、集中建设,重点规划和建设少数中心村,引导一部分向县城和中心镇转移。生态移民点应尽量集中布局到县城和中心镇,避免新建孤立的村落式移民社区。

(6) 在有条件的地区建设一批节能环保的生态型社区,健全公共服务体系,改善教育、医疗、文化等设施条件,提高公共服务供给能力和水平。

5. 禁止开发区域

(1) 严格保护风景名胜区内一切景物和自然环境,不得破坏或随意改变。

(2) 严格控制人工景观建设。

(3) 建设旅游设施及其他基础设施等必须符合风景名胜区规划,逐步拆除违反规划建设的设施。

(4) 根据资源状况和环境容量对旅游规模进行有效控制,不得对景物、水体、植被及其他野生动植物资源等造成损害。

(5) 除必要的保护设施和附属设施外,禁止从事与资源保护无关的任何生产建设活动。

(6) 根据资源状况和环境容量对旅游规模进行有效控制，不得对湿地及其他野生动植物资源等造成损害。

(7) 不得随意占用、征用和转让湿地。

(8) 不得向禁止开发的海域内排放工业污水，禁止在禁止开发的海域内填海造陆。

6.3.2 与部门空间规划进行方案整合

根据如东县空间规划“多规合一”的顶层设计，国土空间功能分区方案及相应的管制要求、发展导则被纳入《如东县城乡统筹规划》的核心内容，成为县城和各乡镇总体规划、土地利用规划以及各部门空间规划编制或修编的依据。因此，如东县国土空间功能分区方案在多个方面预留了与部门空间规划进行协调整合的接口。

(1) 与土地利用规划相衔接。国土空间功能分区方案中的部分内容与土地利用规划中的城镇发展边界和基本农田保护范围密切相关，是规划衔接的重点。在具体实施过程中，以分区方案中的城镇化发展区作为远期建设控制线，并在控制线内与规划部门、各乡镇政府协商确定近期建设范围；同时以重点农产品主产区为基础调整基本农田保护区等管制区的范围。

(2) 与城乡规划相衔接。国土空间功能分区方案与县城和各镇城乡规划的衔接包括两个部分。第一部分是以分区方案确定的空间结构和管制要求来指导城市(镇)总体规划中空间管制分区工作，将方案中的农产品主产区、生态功能区、禁止开发区域落实到“四区”划定中的限建区、禁建区中。第二部分是根据各类功能区的空间分布制定县域城乡用地规划方案，该方案中的用地类型与《城市用地分类与规划建设用地标准》(GB 50137—2011)中的城乡用地分类一致，能够成为县城和各镇总体规划的依据(图 6.3)。

(3) 与其他部门空间规划相衔接。国土空间功能分区方案同时也是生态、环境、交通、旅游等部门空间规划中划定生态红线、各类自然保护区、风景名胜区、森林公园、水源保护地、区域重大交通设施用地、旅游开发用地等各类区域的主要依据。对于上述规划内容，功能分区的工作过程与各相关部门有着充分的沟通，因此该分区方案和各个部门空间规划具有较高的协调性。

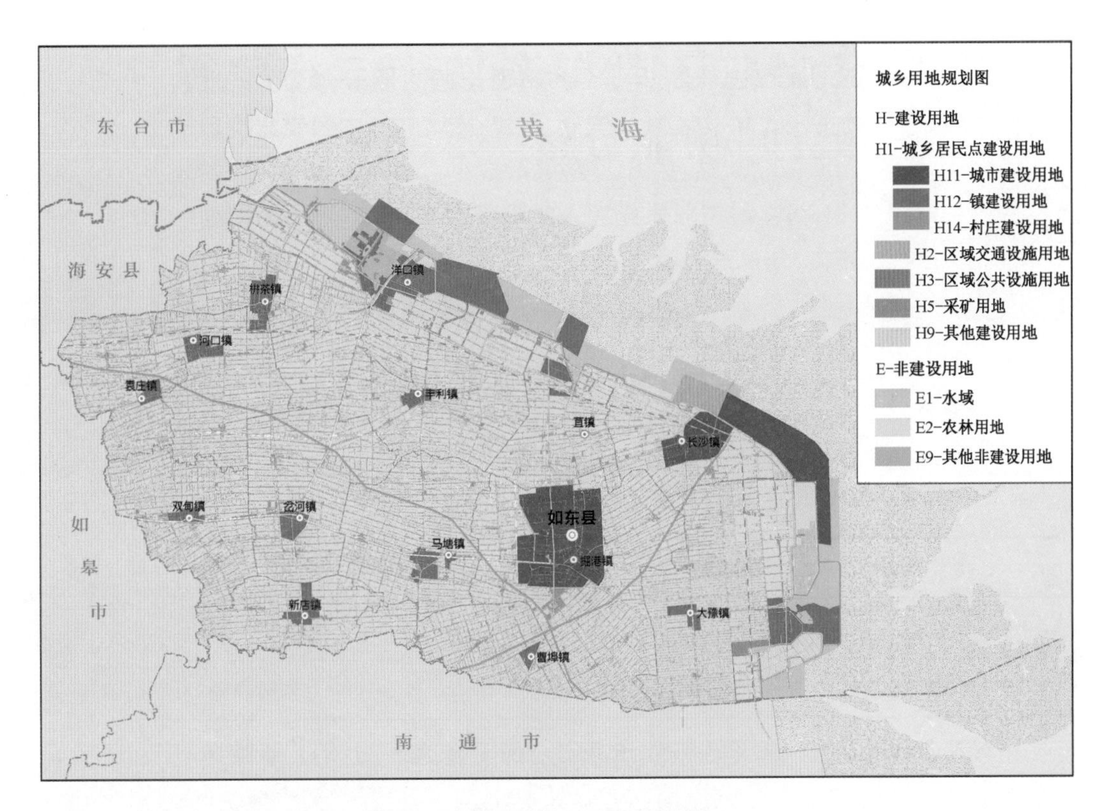

图 6.3　基于如东县国土空间功能分区方案形成的城乡用地规划图

7 中部农业地区典型案例——安徽省郎溪县空间功能分区

中部农业地区是我国未来保障农产品安全的关键地区，也是人地冲突矛盾尖锐的地区，当前面临的首要空间问题是城市化、工业化开发和农业空间、生态空间保护之间的矛盾。本章选取中部农业地区的典型县域——安徽省郎溪县，结合该县的实际情况和规划实践介绍该县的空间功能分区以及规划协调过程。

7.1 工作背景

7.1.1 郎溪县概况

郎溪县位于安徽省东南部，长江三角洲地区西缘，与江苏省南京市高淳区和溧阳市接壤，是安徽省融入长三角的前沿地区。郎溪县地处安徽省沿江平原与皖南低山丘陵交界地带，地势总体低平但地形地貌较为多样化。县域中北部为平原，其中西部南漪湖沿岸和郎川河流域存在大量圩区，东部和南部边缘为低山丘陵，过渡地带零星分布有低矮岗地。全县土地总面积 1 100.6 km^2，其中农用地约占45%,水面约占20%。郎溪县虽然是传统的农业县,但近年来由于紧邻苏南的区位优势成为安徽省承接长三角产业转移的先发地区,2017年地区生产总值为134.4亿元,在安徽省县域中排名靠前。工业经济的迅速增长相应也使得城镇化发展加速。2017年末总人口34.96万人,属于人口净增长的县域;城镇化率约为35%,并且正在快速提高。从国土面积、人口规模、土地利用构成、区域定位和社会经济发展阶段来看,郎溪县作为案例区在我国长江中下游地区十分具有典型意义。

郎溪县地处皖江城市群承接产业转移示范区的南翼以及《安徽省城镇体系规划》所确定的淮合芜宣城市带上。近年来随着县域经济快速成长,城市化开发力度较大,城乡建设用地占比已达到10%,开发强度为皖南各县市最高。与此同时,根据《全国主体功能区规划》和《安徽省主体功能区规划》,郎溪县又被划分为国家级限制开发区域,为长江流域国家级农产品主产区(安徽沿江平原产区)的一部分,不仅面临严格的基本农田保护任务,并且按照国家级限制开发区域的管制要求,对于大规模工业化、城市化开发也有强力的约束。因此在当前城镇化发展需求十分旺盛、急迫的背景下,"开发"和"保护"的矛盾在郎溪县十分突出,这也给该县编制城市规划、土地利用规划等各类基层空间规划的相关工作带来了较大的难度。为此,笔者受委托编制《郎溪县城乡一体化发展规划》,在该规划中开展国土空间评价和空间功能分区的工作,落实上位空间规划对于郎溪县功能定位和空间发展的若干要求和约束,指导和协调后续城市总体规划、各镇总体规划和土地利用规划的编制工作。

7.1.2 郎溪县主体功能定位解读

辨析郎溪县在更高区域层面上的主体功能定位是郎溪县空间分区工作的首要准备。

1. 郎溪县在主体功能区格局中的地位

虽然在《全国主体功能区规划》中没有就郎溪县的主体功能定位进行明确的定位,但规划中多处出现关于本区域功能定位表述,从中也可以大致看出郎溪县在全国国土开发空间格局中的定位。

(1) 郎溪县靠近国家级优化开发区域——长江三角洲地区

在全国主体功能区规划中,长江三角洲地区是三个国家级优化开发区域之一。该区域的功能定位是:长江流域对外开放的门户,我国参与经济全球化的主体区域，有全球影响力的先进制造业基地和现代服务业基地，世界级大城市群，全国科技创新与技术研发基地，全国经济发展的重要引擎，辐射带动长江流域发展的龙头，我国人口集聚最多、创新能力最强、综合实力最强的三大区域之一。

根据规划，长江三角洲地区以上海、南京、杭州等城市为中心，包括上海市和江苏省、浙江省的部分地区，按照规划中确定的大致范围，距离郎溪县较近的南京市溧水区、溧阳市和宜兴市基本属于国家级优化开发区域的范畴。因此，可以说在全国的主体功能区格局中，郎溪县位于国家级优化开发区域——长江三角洲地区的外围。

(2) 郎溪县毗邻国家级重点开发区域——江淮地区

国家重点开发区域是支撑全国经济增长的重要增长极，是落实区域发展总体战略、促进区域协调发展的重要支撑点，是全国重要的人口和经济密集区。根据规划，江淮地区将形成“一轴双核两翼”的空间开发格局，即以安庆、池州、铜陵、巢湖、芜湖、马鞍山沿江 6 市为发展轴，以合肥、芜湖为双核，以滁州、宣城为两翼。因此，郎溪县正好位于江淮地区两翼中南翼的附近，并且与其相邻的宣城市宣州区就属于国家级重点开发区域的范围。

(3) 郎溪县位于国家级农产品主产区——长江流域主产区之内

在全国主体功能区规划中，共划分出包括长江流域主产区在内的 7 片国家级农产品主产区。其中长江流域主产区要建设以双季稻为主的优质水稻产业带，以优质弱筋和中筋小麦为主的优质专用小麦产业带，优质棉花产业带，“双低”优质油菜产业带，以生猪、家禽为主的畜产品产业带，以淡水鱼类、河蟹为主的水产品产业带。

长江流域主产区又由多个片区组成，其中以皖中平原为核心的长江中下游平原就是一个重要组成部分。因此，位于国家级优化开发区域——长江三角洲地区和国家级重点开发区域——江淮地区之间的平原丘陵地带基本属于国家级农产品主产区——长江流域主产区的范围，其中就包括郎溪县本身和邻近的广德县和南京市高淳区等。

综上所述，郎溪县在全国的主体功能区格局中位于国家级优化开发区域、国家级重点开发区域和国家级农产品主产区的交界地带，但更偏向于国家级农产品主产区。属于长江流域主产区的一部分。在《安徽省主体功能区规划》中，郎溪县最终被划分为国家级限制开发区域(农产品主产区)中的沿江平原主产区，说明虽然其功能混合性较高，但提供农业产品仍然是该县的主体功能。

2. 郎溪县主体功能定位的特点

郎溪县特殊的区位特征和发展现状，决定了其同时具备多种主体功能倾向，因此其虽然总体上属于农产品主产区，但主体功能定位也具有非常鲜明的特色，具体可以总结为以下几点：

(1) 受城市化与工业化影响较深

不同于标准的农产品主产区，郎溪县紧邻国家级优化开发区域和重点开发区域，因此其未来的功能并不单单是粮食生产和保障农产品供给，还将承担起一部分城市化和工业化发展的重任。根据《全国主体功能区规划》，作为国家级优化开发区域的长江三角洲地区未来应率先加快转变经济发展方式，调整优化经济结构，提升参与全球分工与竞争的层次，因此伴随着产业结构的调整，郎溪县这样的周边地区必将成为产业转移的首选之地。与此同时，对于国家级重点开发区域——江淮地区，全国主体功能区规划也给出了“承接产业转移的示范区”的定位，可见郎溪县无论是何主体功能定位，未来都将要承载一定规模的城市化和工业化功能。

(2) 农业生产功能趋向多样化、高端化

郎溪县由于自然条件优越，加之临近长江三角洲地区这一巨大的高端农产品消费市场，因此其农业生产功能不仅仅局限于以粮油生产为主的粮食供应保障，而可以针对多样化的消费市场因地制宜地发展绿茶种植、水产养殖等产业类型，并且完全有条件发展高附加值的高端农产品生产。与此同时，还可以发展与农业生产相关的农产品加工业和观光休闲产业，促进三次产业的协调发展。

(3) 生态保育功能仍然重要

虽然郎溪县不属于国家级或省级的重点生态功能区，但是生态保育功能在郎溪县的国土空间格局中仍然占据了十分重要的地位。在全国主体功能区规划中，指出要将宜溧山区作为长江三角洲地区的生态廊道来建设，同时指出皖南沿江丘陵是江淮地区生态格局的主体部分。可见，郎溪县境内的丘陵山地在县域国土空间中所占的比例虽然不高，但其所具备的生态意义对于本区域的生态安全是至关重要的。

3. 主体功能定位指导下的县域空间功能结构

通过解读郎溪县的主体功能定位，未来本县的国土空间功能结构应该注意以下几点：

(1) 优化农业生产空间布局，形成大面积集中连片的高质量耕地、茶园和水产养殖基地，严格保护基本农田，农业空间面积保证在 420 km^2 以上。

(2) 集约高效推进城市化、工业化开发,优化城镇布局,推进人口和产业向中心城镇和园区集中,通过农村居民点的整理和置换保障未来城市化、工业化开发的土地资源需求,开发强度控制在15%以下。

(3) 对具有重要生态意义的山地、丘陵、河流、湖泊、湿地等进行全面的保护,严格限制在这些地区的城市化、工业化开发,以保障区域的生态安全。

7.2 功能分区工作过程

7.2.1 功能区分类体系

根据我国主体功能区战略的实施要求、地域功能形成和分异的相关科学理论以及郎溪县国土空间的实际情况,对郎溪县国土空间划分为城镇化发展区、农产品主产区、生态功能区和禁止开发区域4大类功能区。在4个大类之下,根据功能利用方式和管制措施的不同再细分为9个小类,构成空间功能分区的分类体系(表7.1)。

表7.1 郎溪县国土空间功能分区的分类体系

大类	小类	内 涵
城镇化发展区	中心城区	满足县城空间开发的用地需求
	小城镇	满足建制镇镇区空间开发的用地需求
	发展预留区	包括分隔各组团的绿廊、郊野公园以及用于中心城区未来拓展的储备用地
	农村中心社区	满足农村中心社区的用地需求
农产品主产区	基本农田保护区	为了对基本农田实行特殊保护而划定的区域
	其他产区	不被划入基本农田的耕地、茶园、果园、坑塘、设施农用地等农业空间,以及不属于农村中心社区的普通农村居民点
生态功能区	森林生态系统保护区	以保护本地特征性生态系统为主要发展方向的生态空间
	生态旅游休闲功能区	在生态建设的同时,可以以开发生态旅游休闲产业为主要发展方向的生态空间
禁止开发区域	—	完全禁止工业化和城镇化开发的国土空间

7.2.2 数据来源

本研究以当地政府提供的空间数据和统计资料为基础，补充以部分公开地理信息数据，构建郎溪县国土空间综合评价数据库。该数据库主要由如下数据构成：

(1) 统计数据

主要分为人口数据、社会经济数据和土地利用数据三部分。人口数据包括分行政村的常住人口、流动人口和迁出人口等，来源为第六次人口普查和各乡镇派出所；社会经济数据包括地区生产总值及其构成、财政收入、固定资产投资、农民人均年收入、社会商品零售额等，来源为统计年鉴和县统计局；土地利用数据包括各行政村土地利用现状汇总表和基本农田分布，来源为郎溪县第二次土地利用调查。

(2) 空间数据

原始数据包括郎溪县 1∶10 000 数字地形图、郎溪县第二次土地利用调查数据库(包括土地利用现状、基本农田分布、土地整治区分布等，比例尺为 1∶10 000)、30 m 格网数字高程模型(DEM)、250 m 格网 MODIS 植被指数数据(MOD13Q1)、郎溪县 1∶10 000 分行政村行政区划矢量图等，另有从规划、建设、林业、农业、环保、交通等部分收集到的各类地图数据，经后期处理统一存入 GIS 空间数据库。

7.2.3 国土空间综合评价

1. 国土空间综合评价的指标体系

指标体系必须体现空间功能分区的目标导向，一方面要反映特定地域功能的适宜性，另一方面要符合县域尺度功能空间分异的规律。结合郎溪县的国土条件和发展特点，选取了 5 大类共 12 项指标构成了郎溪县国土空间综合评价的指标体系(表 7.2)。

2. 指标项评价方法及结果

(1) 开发条件

开发条件评价反映于工业化、城市化开发的用地适宜性，该评价分为地形条件和再开发难度两个指标项。

表 7.2　国土空间综合评价指标体系

指标项大类	指标项	评价因子	评价尺度
开发条件(A)	地形条件(A_1)	坡度、 高程	30 m 格网
	再开发难度(A_2)	土地利用现状	30 m 格网
农业发展条件(B)	粮油蔬菜种植适宜性(B_1)	坡度、 粮食单产潜力、 总产潜力、 土地利用现状	30 m 格网
	茶叶林果种植适宜性(B_2)	坡度、 土地利用现状	30 m 格网
生态重要性(C)	水源涵养重要性(C_1)	植被覆盖率、 汇水面积	30 m 格网
	土壤保持重要性(C_2)	坡度、 土壤侵蚀强度	30 m 格网
	生物多样性保护重要性(C_3)	珍稀动植物栖息地、 越冬候鸟栖息地	30 m 格网
自然灾害危险性(D)	洪涝灾害危险性(D_1)	高程、 防汛设施溃坝潜在威胁性	30 m 格网
	地质灾害危险性(D_2)	地形地貌、 植被覆盖度	30 m 格网
未来发展潜力(E)	人口集聚度(E_1)	人口密度、 人口流动强度	行政村
	交通优势度(E_2)	交通可达性	30 m 格网
	社会经济发展潜力(E_3)	人均地区生产总值及其增长、 人均财政收入及其增长、 人均固定资产投资及其增长、 人均消费水平	乡镇

① 地形条件。综合考虑高程和坡度两个因子，在 DEM 数据的基础上利用 GIS 空间分析手段实现。坡度分级以城市建设用地对坡度的适宜性为导向，参照《城市用地竖向规划规范》，选择 1.1°、5.7°、8°、15°为阈值；高程分级则根据城市开发对于地形条件的用地适宜性需求，选择 40 m 和 100 m 为阈值。

② 再开发难度。综合考虑改造难度、经济成本、法规政策约束等因素，对现状各类土地利用类型变更为城镇建设用地的难度进行分类赋值。

以上述2个指标项的分级评价结果作为2个维度进行矩阵判定，得出综合开发条件分级共5级。根据评价结果可以总结出：除已开发用地以外，最适宜开发建设的土地资源约107.2 km^2，占全县面积的10%，适宜开发用地集中分布在县城至开发区一线以及十字镇、新发镇、涛城镇和梅渚镇周边（图7.1a）。

（2）农业发展条件

作为国家级重点农产品主产区和商品粮基地县，农业生产将是郎溪县未来重要的地域功能之一。从地域功能的空间分布来看，农业空间占郎溪县国土空间的比例也最大，仅基本农田就有365.84 km^2，占全县面积的33.2%。大面积的农业空间也发挥着至关重要的功能意义，评价不同地域空间的农业发展条件，有利于推进农业的规模化发展，提高用地效率，优化国土空间结构。

农业发展条件评价通过地形条件、土壤条件和用地分布3个指标得出。根据郎溪县农业空间的特点，按照针对耕地的粮食生产适宜性和针对园地的茶叶林果生产适宜性两个指标分别进行评价：

① 粮油蔬菜种植适宜性。粮食、油料和蔬菜是耕地资源生产的主要农作物，最适宜进行粮油蔬菜种植的耕地须满足土壤条件优越、坡度平缓、地块完整性高等特点。该指标由坡度、粮食单产潜力（土壤有效系数评价）、总产潜力（地块面积和形状度）和土地利用现状等4个因子构成。经评价，最适宜进行粮油蔬菜生产的农用地约364.1 km^2，占全县面积的33.1%，集中分布在县中西部的平原圩区乡镇（图7.1b-1）。

② 茶叶林果种植适宜性。郎溪县广泛分布的丘陵岗地大量出产绿茶、水果、林木，该单项指标旨在评价坡地农用地的农业生产适宜性，以塑造具有地域特色的农业空间。经评价，茶叶林果种植适宜性较高的用地约70.5 km^2，占全县面积的6.4%，主要集中分布在十字、飞里、毕桥等乡镇的缓坡地带（图7.1b-2）。

（3）生态重要性

生态重要性是指生态系统对社会经济发展、生态系统维持和生物多样性保护所发挥的重要作用。郎溪县生态系统类型多样，该评价有利于实施针对性的生态保护，对维护生态安全、支撑区域可持续发展具有重要意义。

郎溪县地处中亚热带常绿阔叶林地带北部亚地带，境内自然地理环境优越，生态系统类型多样，森林、草地、农田、河流湖泊、湿地等生态系统在县内都有分布。其中森林面积243.21 km^2，占全县面积的22%；各类河流湖泊面积199.41 km^2，占全县面积的18%。这两类生态系统是除农田外在本县分布面积最广的生态系统类型。因此，根据郎溪县的生态环境特点，选取以下3个最具有意义的指标进行生态重要性评价。

① 水源涵养重要性。评价选取 2 个因子，利用植被覆盖率因子体现生态系统的水源涵养能力，同时利用汇水面积体现更大尺度区域对评价地区的水资源依赖度。综合上述两个因子可以评价出石佛山、亭子山、伍牙山等地区为全县水源涵养重要性最高的地区。

② 土壤保持重要性。对郎溪县而言，生态系统土壤保持主要是针对水力侵蚀而言，通过坡度和土壤侵蚀强度来反映。经评价，石佛山、亭子山、伍牙山等深山区坡陡谷深，极易冲刷，是全县土壤保持重要性最高的地区。

③ 生物多样性保护重要性。以林业、环保部门的动植物调查资料为基础，评价出全县对生物多样性保护具有突出意义的区域共有 3 处：一是高井庙林场的扬子鳄保护区，二是伍牙山林场的珍稀野生动植物分布区，三是南漪湖滩涂的野生鸟类过冬栖息地。

以上述 3 个指标评价得分的最大值作为评价单元的生态重要性综合得分，得出全县生态重要性的空间分布格局。其中重要性最高和较高的地区有 431.6 km^2，占全县面积的 39%。从空间分布上看，生态重要性最高的区域有 4 个：石佛山、高井庙林场、亭子山和伍牙山，此外南漪湖滨以及南部、东部的丘陵岗地也具有较高的生态重要性(图 7.1c)。

(4) 自然灾害危险性

自然灾害是制约社会经济可持续发展的重要因子，自然灾害危险性评价有利于明确郎溪县国土空间开发的约束条件，指导生产生活合理布局。本章选取郎溪县常见的几种主要致灾因子进行危险性评价。

① 洪涝灾害危险性。郎溪县圩区面积广，地势低洼，滨临南漪湖，又有郎川河横贯东西，历史上曾饱受水患。根据南漪湖和境内主要河流的多年水文资料，结合郎溪县的地形地貌和防洪设施的分布，评价出常年汛期的洪水淹没范围；同时利用 GIS 手段模拟圩堤出现溃坝情形时洪水可能淹没的范围，即潜在灾害威胁地区。经评价，全县共有 30.4 km^2 的土地位于常年洪水淹没范围，另有 149.7 km^2 的区域具有潜在洪涝灾害威胁(图 7.1d-1)。

② 地质灾害危险性。郎溪县易发的地质灾害主要为崩塌和滑坡，影响地质灾害发生概率的核心因素是斜坡静力稳定性。本章选取坡度、坡形、坡向和植被覆盖度作为评价斜坡静力稳定性的因子，用以刻画全县地质灾害危险性的空间分布。经评价，全县大部分地区不受地质灾害威胁，地质灾害危险性较高的区域占全县面积的 5.2%，集中在东部和南部山区(图 7.1d-2)。

(5) 未来发展潜力

未来发展潜力评价用于表征国土空间在未来集聚人口产业的能力以及相应的产出效率，该评价共分为人口集聚度、交通优势度和社会经济发展潜力等

3 个指标。

① 人口集聚度。这里从静态和动态两个角度来刻画县域空间人口集聚能力。一是静态的人口密度，它反映了历史时期以来郎溪县的人口空间分布特点，是区域本底条件和多年发展结果共同叠加所形成的空间格局。二是动态的人口流动，利用人口普查和公安系统的登记调查数据测算出各评价单元近年来的人口流入、流出情况。综合这两个方面的评价结果，用 GIS 空间离散手段得出全部国土空间和全部居民点的人口集聚度，集聚度高表示未来最有可能出现人口增长的趋势，集聚度低则表示该地区人口停滞或缩减的可能性较大。经评价，全县的人口密度呈现北部县城和南部十字镇双高峰的格局，而真正人口集聚度较高的只有县城周边地区(图 7.1e-1)。

② 交通优势度。这里用可达性来反映县域不同空间的交通优势度。具体评价方法是：基于规划路网，选择县城、高铁站点、高速公路出口以及临近的南京市高淳区和溧阳市作为目的地，利用 GIS 手段测算各地区到达上述目的地的通行时间。经评价，全县交通优势度较高的区域呈 Y 形分布，北部靠近江苏省的县城区域和南部紧邻高铁站、高速出口的十字镇区域交通优势度最高(图 7.1e-2)。

③ 社会经济发展潜力。该指标用于反映各乡镇在社会经济发展动力上的空间分异，利用人均地区生产总值、人均财政收入、人均固定资产投资、居民人均消费水平的数值和增长率来体现。经评价，县城建平镇和十字镇社会经济发展潜力最高，新发、梅渚两镇则位列第二梯度(图 7.1e-3)。

基于上述 3 个指标项的评价结果，利用 GIS 空间分析手段拟合未来国土空间的发展态势，从而评价出全县各地区空间发展的趋势(图 7.1e-4)。所谓空间发展趋势是指一个地区在未来的区域发展中可能出现的态势。空间发展趋势共分为增长、停滞和缩减 3 种类型：增长的空间意味着持续的人口吸引力、持续增加的就业需求和更大的经济发展活力；停滞的空间意味着相对不足的人口吸引力、平衡的就业需求以及能够支撑一般经济增长的动力；缩减的空间意味着人口的持续流失、就业机会的减少以及经济增长动力的缺乏。根据评价结果可以看出：

——县域北部呈现出明显的空间增长态势，具体表现为就业机会增加带来的人口增加和经济集聚能力提高，包括建平、新发、梅渚和凌笪等乡镇在内的区域都处在这种空间变化趋势之下，其中从建平镇到梅渚镇一线是空间增长最剧烈的地区。其中部分城镇增长趋势明显，因此可能是未来城市化发展最快的城镇。其中增长最剧烈的是县城建平镇，其他具有较快增长趋势的城镇还有新发、梅渚、凌笪以及县开发区周围的一些村镇。

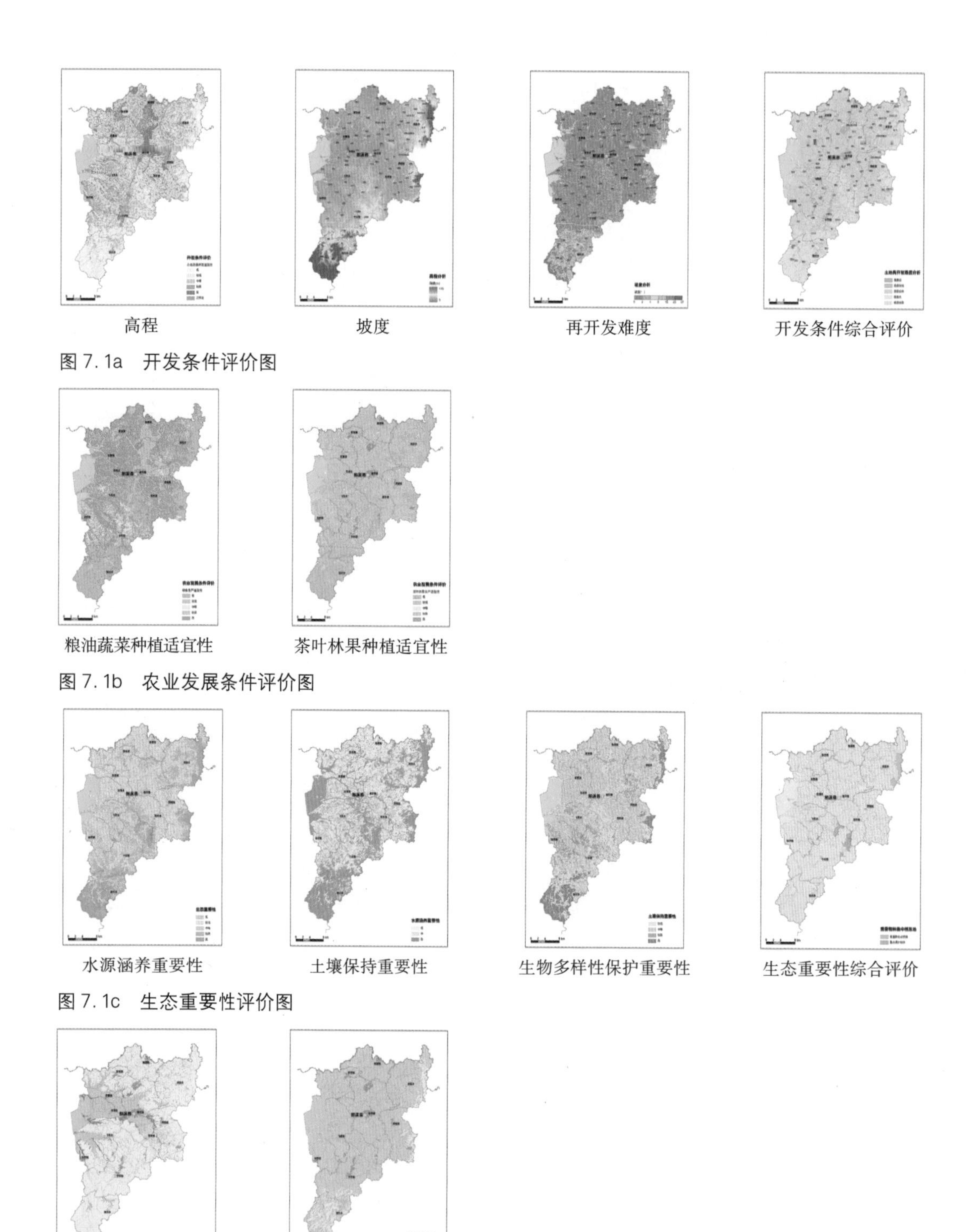

图 7.1a 开发条件评价图

图 7.1b 农业发展条件评价图

图 7.1c 生态重要性评价图

图 7.1d 自然灾害危险性评价图

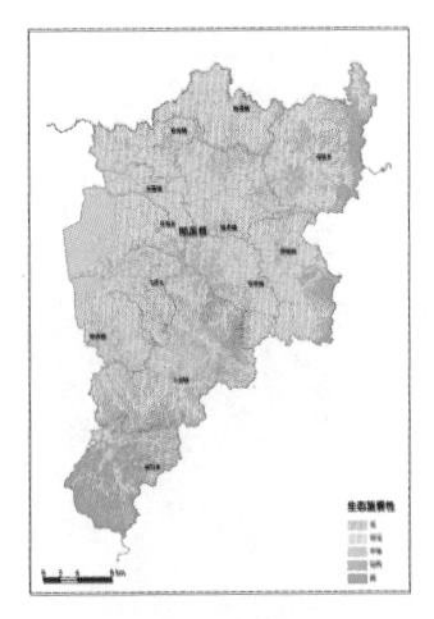
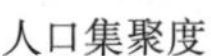

人口集聚度

交通优势度

社会经济发展潜力

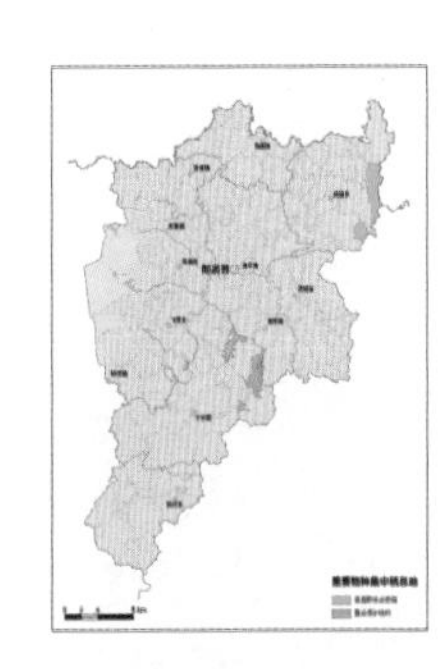

空间发展趋势

图 7.1e　未来发展潜力评价图

——上述地区的外围区域以及南部部分地区也有小幅的增长趋势，是受城市化和工业化影响下的过渡区域。涛城镇以及北部的一些村镇处在缓慢增长趋势中，它们也会在城市化和工业化的影响下不断地扩大规模，集聚更多的人口。

——圩区和其他农业地区基本处在停滞或小幅缩减的空间发展趋势下，体现为人口难以增加或缓慢减少；而南部、东部的山区出现剧烈的缩减趋势，表现为人口持续流出和越来越少的就业机会。东夏、飞里、毕桥、幸福、姚村等乡镇中心都处在缩减的趋势下，持续城市化的动力明显不足。此外，除城北部分村镇以外，全县大部分的村庄都处于停滞或缩减的趋势，人口向具有潜力的城镇迁移应当是未来主要的发展方向。

3. 指标项评价结果的综合集成

综合集成就是在指标项评价结果的基础上得出全县地域功能适宜性的空间分异格局，通过 3 大功能格局来指导功能分区，实现“多规合一”的目标导向。

综合集成充分体现了主导因素原则，即根据不同的功能类型来选择相应指标、确定指标权重、设计评判方法。在综合集成的过程中，刚性指标和柔性指标同时得到了应用。一方面，利用柔性指标得出适宜性评价分值，定量地支撑评价结果；另一方面，运用刚性指标突出主导因素的作用，起到定性评判的作用。刚性指标又分为正向指标和负向指标。正向的刚性指标体现出最强的功能适宜导向，满足条件的空间被直接评价为“最适宜”的功能空间；而负向的刚性指标则体现出强烈的功能斥力，满足条件的空间被直接评价为“最不适宜"的功能空间，实现"一票否决"(表 7.3)。

表 7.3　地域功能适宜性的评价法则

功能类型	刚性指标(正向)	柔性指标(权重)	刚性指标(负向)
城市化开发	—	开发适宜性(0.35) 农业发展条件*(0.10) 生态重要性*(0.20) 自然灾害危险性*(0.20) 交通优势度(0.15)	生态重要性 4 级以上； 洪涝灾害危险性 3 级； 地质灾害危险性 3 级以上
农业发展	农业发展条件 5 级	农业发展条件(0.60) 生态重要性(0.30) 自然灾害危险性(0.10)	生态重要性 5 级； 洪涝灾害危险性 3 级； 地质灾害危险性 5 级
生态保护	生态重要性 5 级； 洪涝灾害危险性 3 级； 地质灾害危险性 5 级	开发适宜性*(0.10) 生态重要性(0.70) 自然灾害危险性(0.20)	—

注：评价中，* 这些指标的得分经过逆序标准化处理；农业发展条件、自然灾害危险性两项指标的综合得分为单项指标得分的最大值。

根据上述原则，将全县国土空间按照城市化开发、农业发展和生态保护 3 类地域功能各自评价出 3 个适宜性等级，形成了郎溪县的地域功能适宜性空间格局(图 7.2)。

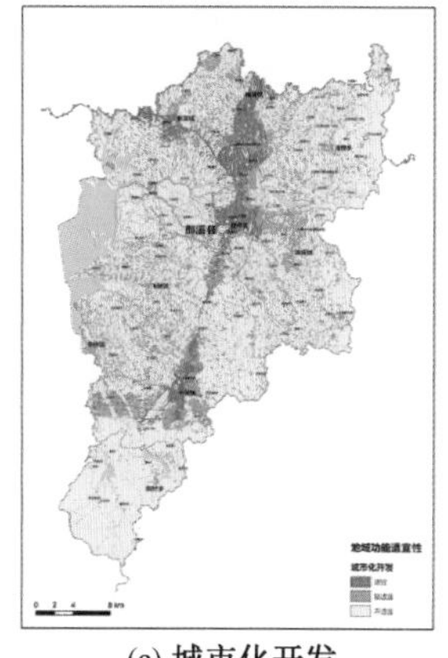

(a) 城市化开发

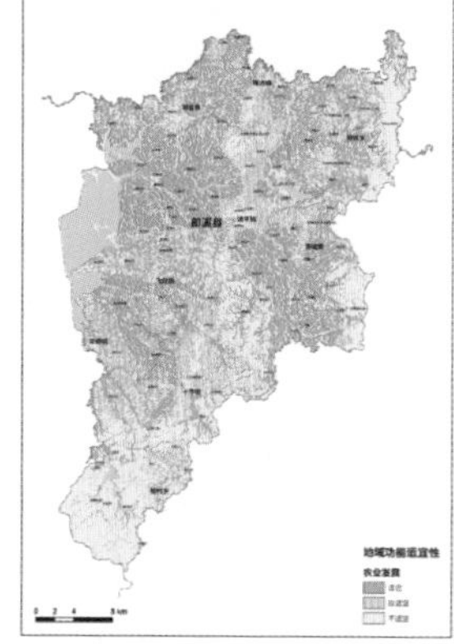

(b) 农业发展

(c) 生态保护

图 7.2　郎溪县地域功能适宜性空间格局

7.2.4 划分各类功能区

空间功能分区方案的形成是一个“专家主导”和“部门协商”共同推进的过程。一方面，划分各类功能区要基于国土空间综合评价的结果按照功能区的空间组织规律来进行；另一方面，为了与上下层级的空间规划相衔接，主导县域各类空间规划的职能部门也需要参与功能分区的过程。为此，在郎溪县政府的组织下，课题组与发改、国土、规划、建设、农业等部门以及各乡镇政府进行了多次协调会商，形成了郎溪县国土空间功能分区的最终方案。

在功能分区的过程中，刚性约束与柔性调控是并存的，评价结果、上位规划要求和部门意见均会对最终方案产生影响，但各自发挥的作用有所不同。在郎溪县的功能分区实践中，决策的形成共有以下 3 种机制：

(1) 刚性空间约束。一些功能区的分布具有刚性约束，因此在分区过程中被直接划定，不参与部门协商。刚性空间约束分为两种：第一种是在国土空间综合评价中根据刚性指标确定的国土空间，会被直接划分为某类功能区，或被直接排除在某类功能区之外；第二种是根据空间规划相关法律、法规、规程的要求而划定的国土空间，例如禁止开发区域严格按照《省级主体功能区规划分技术规程》的规定予以划定，划分结果与全国和安徽省两级主体功能区规划中的禁止开发区域范围完全一致。

(2) 刚性指标约束。最终形成的功能分区方案中，不同类别功能区之间的数量关系必须符合上位空间规划提出的指标要求。比如在主体功能区规划中，郎溪县被确定为限制开发区域，开发强度不得超过 15%；同时作为农产品主产区，全县的农业空间必须保持在 400 km^2 以上。此外，中心城区和各镇的人口规模、建设用地规模也要与全省的城镇体系规划、土地利用规划相衔接。

(3) 柔性协商调控。在符合刚性约束的前提下，功能分区本着以国土空间综合评价为科学依据的原则，尽量满足各部门的需求。比如在城镇化发展区边界的划定过程中，城市化开发功能适宜性评价结果以及各地区人口集聚度、社会经济发展潜力两项指标的评价结果是最主要的参考依据，经初步划定后再根据规划建设部门以及各镇提出的需求进行统筹调整，使得最终方案在做到总量上符合刚性指标要求、分布上符合综合评价结果、分配上符合各镇发展水平对比的同时，各镇的发展预期也基本上得到满足。

在空间功能分区过程中遇到与部门需求矛盾较突出的局面时，上述 3 种机制能起到显著的协调效果。比如在经济开发区发展边界的划定过程中，根据评价结果划定的城镇化发展区边界与规划部门主张的边界有较大分歧，最终按照如下步骤实现协商解决：首先，规划部门主张的建设用地范围内，占用生态红线的区域必须退让；其次，综合考虑城镇建设的需要，在非刚性控制区内局部扩大城镇化发展区边界，保障城市规划的意图得以实施；再次，以土地利用规划批复的城镇建设用地指标和主体功能区规划确定的开发强度指标进行校核，经与规划部门协商对部分土地进行置换，以满足上位规划提出的指标性约束；最后，将未能划入城镇化发展区的部分远期规划用地纳入发展预留区，确定永久性城镇增长边界（图 7.3）。

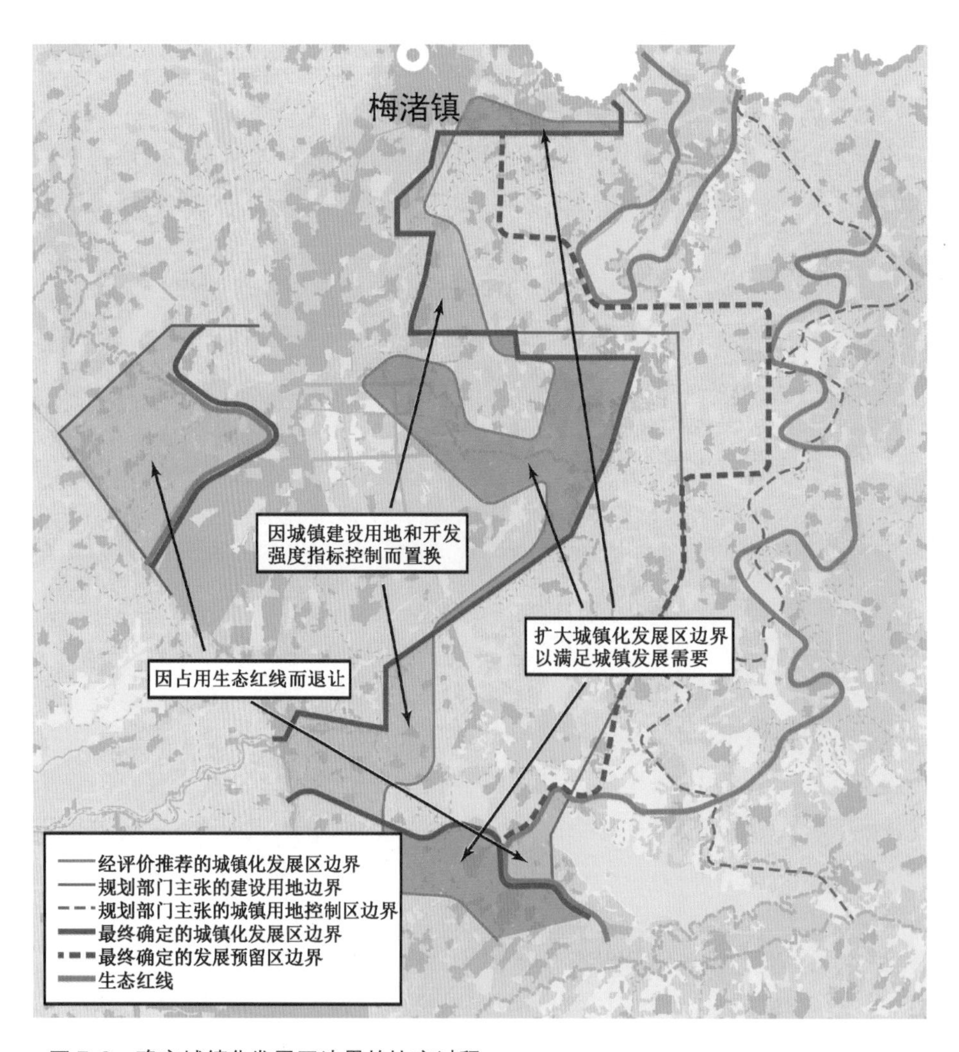

图 7.3　确定城镇化发展区边界的协商过程

根据空间功能分区方案，城镇化发展区、农产品主产区、生态功能区和禁止开发区域分别占国土面积的13.49%、46.28%、35.81%和4.42%。城镇化发展区中，中心城区由县城建平镇和县域北部的郎溪经济技术开发区构成，共66.63 km^2；小城镇发展区8处，共42.57 km^2；发展预留区位于中心城区周边，2020年之前不纳入建设用地指标，共24.21 km^2。上述空间加上农村中心社区和被划入农产品主产区的一般农村居民点用地共计55.30 km^2，可以确保2020年全县开发强度控制在15%以内。农产品主产区中，基本农田保护区共366.26 km^2，高于上级国土部门下达的358 km^2的指标要求；农业空间总计469.21 km^2，高于上级国土部门下达的436 km^2的指标要求（表7.4、图7.4）。

表7.4 国土空间功能分区结果统计

功能区类型	面积(km^2)	比例
城镇化发展区	148.46	13.49%
中心城区	66.63	6.05%
小城镇	42.57	3.87%
发展预留区	24.21	2.20%
农村中心社区	15.05	1.37%
农产品主产区	509.46	46.28%
基本农田保护区	366.26	33.27%
其他产区	143.20	13.01%
其中：一般农村居民点用地指标	40.25	3.66%
生态功能区	394.11	35.81%
森林生态系统保护区	114.71	10.42%
生态旅游休闲功能区	279.40	25.39%
禁止开发区域	48.70	4.42%

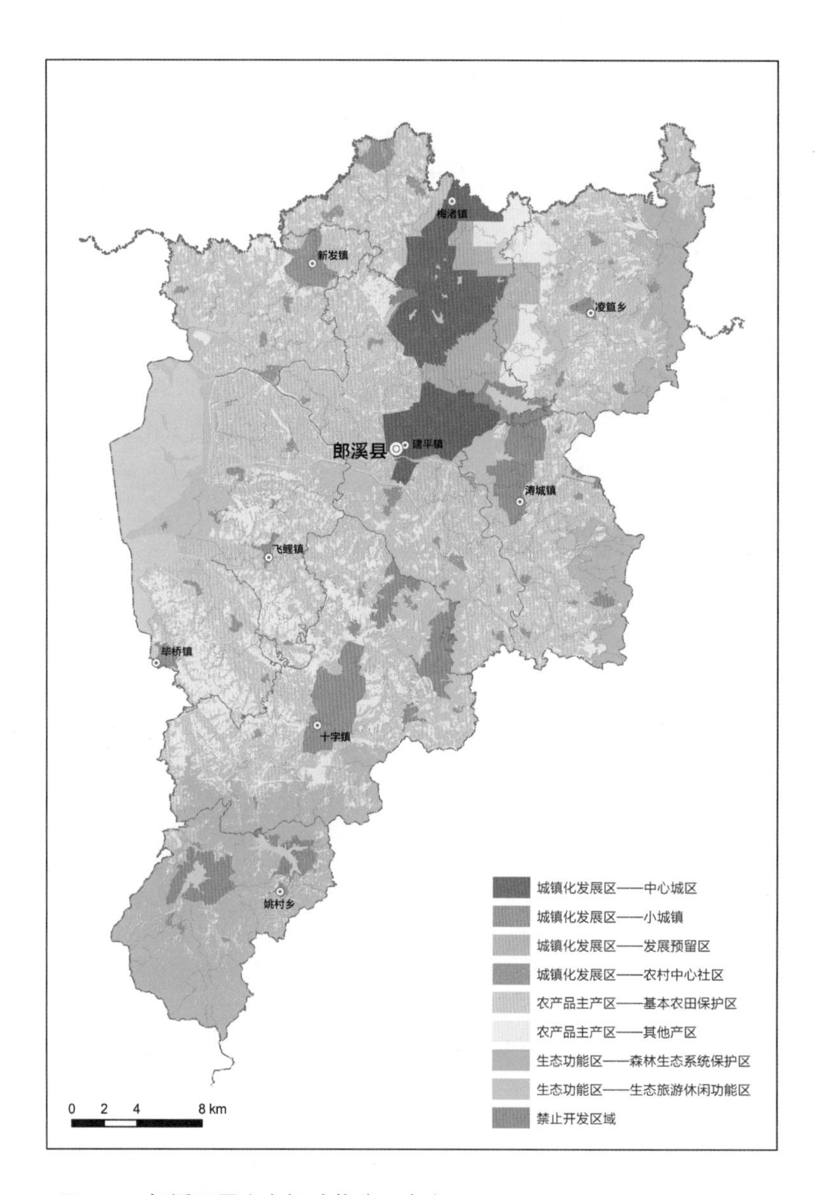

图 7.4　郎溪县国土空间功能分区方案

7.2.5　各类功能区的发展方向和开发原则

1. 重点城镇化发展区

(1) 统筹规划国土空间。适度扩大先进制造业空间，扩大服务业、交通和城市居住等建设空间，减少农村生活空间，扩大绿色生态空间。

(2) 促进人口加快集聚。扩大城市规模，尽快形成辐射带动力强的县域中心城市，促进其他城镇发展，完善城市基础设施和公共服务，进一步提高城镇的人口承载能力，城市规划和镇规划建设应预留吸纳外来人口的空间。

(3) 形成现代产业体系。大力承接产业转移，并运用新技术改造传统生产方式，加快发展服务业，增强产业配套能力，促进产业集群发展。

(4) 提高发展质量。确保发展质量和效益，工业园区和开发区的规划建设应遵循循环经济的理念，大力提高清洁生产水平，减少主要污染物排放，降低资源消耗和二氧化碳排放强度。

(5) 完善基础设施。统筹规划建设交通、能源、水利、通信、环保、防灾等基础设施，构建完善、高效、城乡统筹的基础设施网络。

(6) 保护生态环境。减少工业化、城镇化对生态环境的影响，避免出现土地过多占用、水资源过度开发和生态环境压力过大等问题，努力提高环境质量。

(7) 把握开发时序。区分近期、中期和远期开发区域并实施有序开发，近期重点建设好国家和省批准的各类开发区，对目前尚不需要开发的区域，应作为预留发展空间予以保护。

2. 重点农产品主产区

(1) 加强土地整治，搞好规划、统筹安排、连片推进，加快中低产田改造，推进连片标准粮田建设。鼓励农民开展土壤改良。

(2) 加强水利设施建设，加快大中型灌区、排灌泵站配套改造以及水源工程建设。鼓励和支持农民开展小型农田水利设施建设。建设节水农业，推广节水灌溉。

(3) 优化农业生产布局和品种结构，搞好农业布局规划，科学确定不同区域农业发展重点，形成优势突出和特色鲜明的产业带。

(4) 加强农产品加工、流通、储运设施建设，引导农产品加工、流通、储运企业向主产区聚集。

(5) 控制农产品主产区开发强度，优化开发方式，发展循环农业，促进农业资源的永续利用。鼓励和支持农产品、畜产品、水产品加工副产物的综合利用。加强农业面源污染防治。

(6) 加强农业基础设施建设，改善农业生产条件。加快农业科技进步和创新，提高农业物质技术装备水平。强化农业防灾减灾能力建设。

(7) 积极推进农业的规模化、产业化，发展农产品深加工，拓展农村就业和增收空间。

(8) 农村居民点以及农村基础设施和公共服务设施的建设,要统筹考虑人口迁移等因素,适度集中、集约布局。

3. 重点生态功能区

(1) 对各类开发活动进行严格管制,尽可能减少对自然生态系统的干扰,不得损害生态系统的稳定性和完整性。

(2) 严格控制开发强度,逐步减少农村居民点占用的空间,腾出更多的空间用于维系生态系统的良性循环,原则上不再增加各类产业用地。

(3) 推进退耕还林,治理水土流失,维护或重建湿地、森林等生态系统。严格保护具有水源涵养功能的自然植被,禁止无序采矿、毁林开荒等行为。加强重要水源上游地区的小流域治理和植树造林,减少面源污染。拓宽农民增收渠道,解决农民长远生计,巩固退耕还林、退牧还草成果。

(4) 禁止对野生动植物进行滥捕滥采,保持并恢复野生动植物物种和种群的平衡,实现野生动植物资源的良性循环和永续利用,保护自然生态系统与重要物种栖息地,防止生态建设导致栖息环境的改变。

(5) 在现有村镇布局基础上进一步集约开发、集中建设,重点规划和建设少数中心村,引导一部分向县城和中心镇转移。生态移民点应尽量集中布局到县城和中心镇,避免新建孤立的村落式移民社区。

(6) 在有条件的地区建设一批节能环保的生态型社区,健全公共服务体系,改善教育、医疗、文化等设施条件,提高公共服务供给能力和水平。

4. 禁止开发区域

(1) 严格保护风景名胜区内一切景物和自然环境,不得破坏或随意改变。

(2) 严格控制人工景观建设。

(3) 建设旅游设施及其他基础设施等必须符合风景名胜区规划,逐步拆除违反规划建设的设施。

(4) 根据资源状况和环境容量对旅游规模进行有效控制,不得对景物、水体、植被及其他野生动植物资源等造成损害。

(5) 除必要的保护设施和附属设施外,禁止从事与资源保护无关的任何生产建设活动。

(6) 在森林公园内以及可能对森林公园造成影响的周边地区,禁止进行采石、取土、开矿、放牧以及非抚育和更新性采伐等活动。

(7) 根据资源状况和环境容量对旅游规模进行有效控制,不得对森林及其他野生动植物资源等造成损害。

（8）不得随意占用、征用和转让林地。

7.3 功能分区方案在空间规划“多规合一”中的作用

该国土空间功能分区方案连同相应的管制要求、发展导则都被纳入《郎溪县城乡一体化发展规划》，并成为规划的核心内容之一。在县政府的推动和协调下，该规划不仅获得了指引全县未来空间发展的主导地位，还被作为县城和各乡镇总体规划、土地利用规划以及各部门空间规划编制或修编的依据。在此背景下，功能分区方案从多个角度对推动郎溪县域空间规划“多规合一”发挥了作用。

7.3.1 衔接上位规划

从对郎溪县空间发展具有指导作用的上位规划中都能体现出该县在区域发展、农业保障和生态保护上多重定位的重合，而这些规划对该县空间发展的指引既有战略上的表述，又有具体的指标规定，甚至对于一些具体地区也有明确的管制要求。通过空间功能分区，上位规划的要求得到了全面的回应。首先，郎溪县的城镇化、工业化发展空间得到了保障，契合了区域发展战略与自身发展需求，同时也没有突破开发强度的红线；其次，农业空间不仅得到了保护，在空间结构上也进行了优化，满足了重点农产品主产区、商品粮基地县的定位；再次，县域内对区域生态安全具有重要意义的空间都进行了划定，落实了上位规划的管制要求。因此，功能分区方案所体现出的国土空间格局是一张能够全面地、具体地反映上位规划意图的蓝图。

7.3.2 确定城镇发展边界

在广受诟病的各类空间规划相互“打架”的问题中，如何确定城镇发展边界是最突出的体现，而这一问题的核心是无法确定以哪一部规划、哪一个部门为准。在郎溪县的实践中，国土空间功能分区方案发挥了这方面的作用。该方案中，城镇化发展区是在客观评价的基础上经过与各部门充分协调之后而划定的，因此其科学性和可实施性都得到了充分的认可。在具体实施过程中，分区方案首先与土地利用规划对接，以城镇化发展区作为规划期建设控制线，以发展预留区作为永久性城镇增长边界，并相应调整基本农田保护区等管制区的范围，之后在控制线内与规划部门、各乡镇政府协商确定近期建设范围。

7.3.3 形成空间管制分区

按照我国《城乡规划法》和《城市规划编制办法》，城市规划必须进行“四区”划定。在目前的规划实践中，“四区”划定与其他空间规划的衔接往往是一项难度大且任务繁重的工作。本章的空间功能分区工作在类型体系、分区技术路线、方案集成等各环节均考虑了与城市规划编制工作的兼容，因此分区方案预留了转换为“四区”划定方案的接口。

为了便于国土空间功能分区的实施，《郎溪县城乡一体化发展规划》在功能分区方案的基础上，进一步形成了空间管制分区方案，根据空间管制分区的内涵和分级、分类管制要点将部分功能区按照管制要求分为 4 个等级的管制分区，共划分出 792.10 km^2 的各类空间管制区，占全县面积的 71.97%。其中特级管制区 7.06 km^2，占全县面积的 0.64%；一级管制区 575.17 km^2，占全县面积的 52.26%；二级管制区 182.00 km^2，占全县面积的 16.54%；三级管制区 27.87 km^2，占全县面积的 2.53%。所有类型的管制区中，基本农田保护区面积最大，达 326.26 km^2，占全县面积的 29.65%、各类空间管制区总面积的 41.19%。从空间分布上看，各类空间管制区在县域南部的分布多于县域北部(表 7.5、图 7.5)。

表 7.5 各类空间管制区划分结果统计

空间类型	面积(km^2)	比例
特级管制区	7.06	0.64%
Ⅴ自然保护区	7.06	0.64%
一级管制区	575.17	52.26%
Ⅰ基本农田保护区	326.26	29.65%
Ⅱ一级水源保护区	23.15	2.10%
Ⅲ重点生态林	144.71	13.15%
Ⅳ自然灾害危险区	75.99	6.90%
Ⅵ森林公园核心景区	5.06	0.46%
二级管制区	182.00	16.54%
Ⅱ二级水源保护区	2.94	0.27%

(续表)

空间类型	面积(km^2)	比例
Ⅲ一般生态林及湿地	156.10	14.18%
Ⅵ森林公园其他景区	22.96	2.09%
三级管制区	27.87	2.53%
Ⅶ环城绿带、郊野公园和组团隔离绿地	27.87	2.53%
总　计	792.10	71.97%

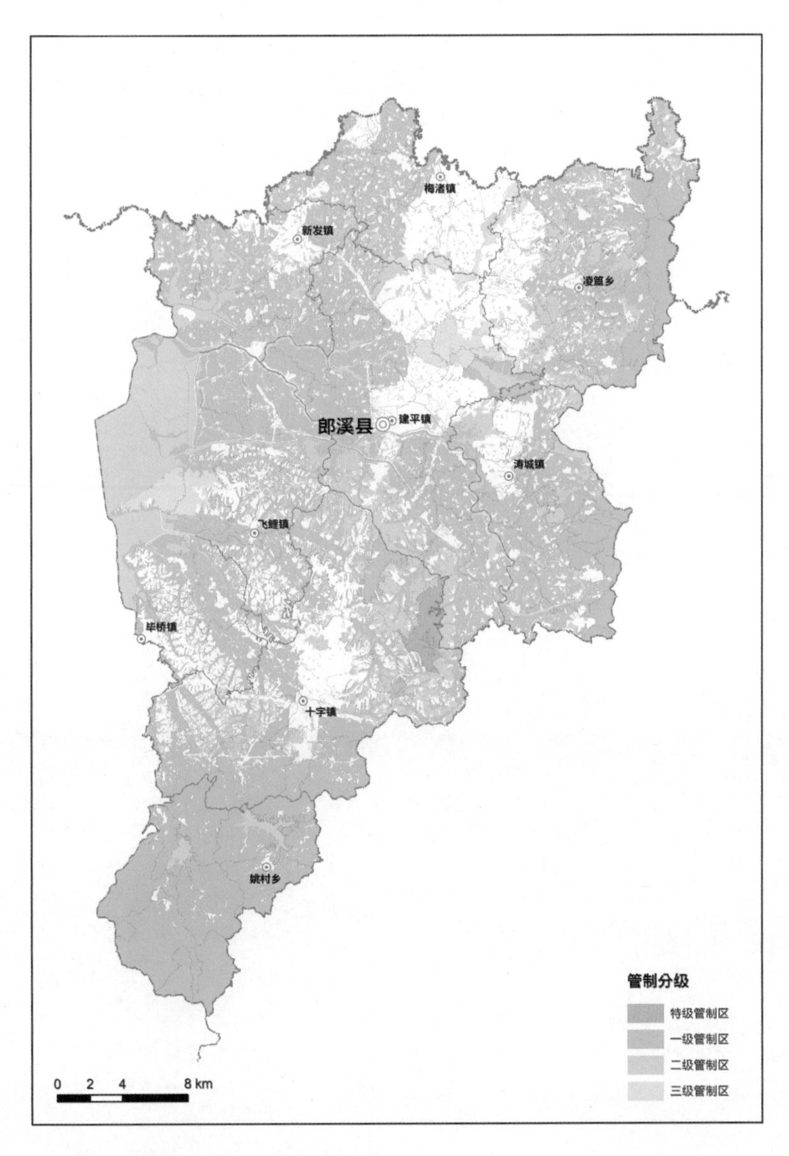

图 7.5　郎溪县国土空间管制分区

从空间管制分区方案中可以确定出城市规划禁建区和限建区的空间范围，在后续的城市规划编制过程中即可参照执行，同时该方案中的一些内容亦会在土地利用规划修编中得到落实。与此同时，规划也提出了各类管制分区相应的管制导则，方便做到分类管制（表 7.6）。

表 7.6　空间管制分级和分类控制要求

分级		划定原则	总体控制要求	空间范畴	主管及配合部门
禁建区	特级管制区	在生态、安全、资源环境、城市功能等方面，对人类有重大影响的地区，一旦破坏很难恢复或造成重大损失	严格禁止一切城乡建设项目	自然保护区（核心区、缓冲区）	环保、国土、林业、渔业
	一级管制区	存在非常严格的生态制约条件，应予以严格避让的地区	严格禁止与控制要素无关的建设项目	基本农田保护区	国土、农业
				一级水源保护区	环保、水利
				重点生态林	农业、林业
				自然灾害危险区	国土、地质
				森林公园核心景区	林业、建设
限建区	二级管制区	存在较为严格的生态制约条件，根据生态、安全、资源环境等需要控制的地区	城市建设用地需要尽量避让，如果因特殊情况需要占用，应做出相应的生态评价，提出补偿措施，并对建设的规模有较严格限制	二级水源保护区	环保、水利
				一般生态林及湿地	农业、林业、环保、水利
				森林公园其他景区	林业、建设
	三级管制区	对城乡建设存在一定的限制条件	在不影响安全、不破坏功能的前提下，允许部分用地进行低强度的开发建设，但是程序严格，必须做出可行性、必要性研究，并应通过技术经济改造等手段减缓限制要求与建设之间的冲突	其他农业用地、环城绿带、郊野公园、组团隔离绿地等	建设、规划、国土、林业、农业、旅游

7.3.4 对接部门空间发展需求

除城市规划、土地利用规划之外，其他基层空间规划同样类型繁多、涉及部门广泛。通过功能分区过程中充分的沟通，该方案基本能够将各部门的主要空间发展需求体现出来，如各类自然保护区、风景名胜区、森林公园、水源保护地、区域重大交通设施用地、旅游开发用地等。因此，该分区方案和各个部门空间规划不会存在根本性的矛盾冲突。

7.4 实施效果评价

本章介绍了在郎溪县通过空间功能分区来推动空间规划“多规合一”的一些尝试，并重点说明了这一项工作的流程和方法。从实施效果看，功能分区工作在郎溪县发挥了较为明显的作用，具有一些值得总结的经验。与此同时，通过实践的检验，国土空间功能分区的技术方法还有很大改进的空间，这种工作方式应当如何在其他地区加以应用也值得深入探讨，本章最后基于规划实施效果对功能分区、“多规合一”工作提出几点总结和进一步的展望。

(1) 在我国当前空间规划“多规合一”的实践尝试中，尽管从行政体制、规划整合方式、规划编制方式和技术流程等方面存在各种不同的模式，但无论是哪一种模式，详尽的基础资料分析都是必要的工作环节。这样的基础分析要有科学的理论方法作为指导，全面涵盖国土空间的各大子系统，从而起到摸清家底、刻画格局、找出问题、判断趋势的作用。而国土空间综合评价的工作方法基于地域系统功能空间组织理论而得出，能够综合全面地揭示地域系统功能适宜性的空间分异，因此这一框架可以为空间规划“多规合一”的基础分析研究提供借鉴。

(2) 郎溪县的实践中，以一套国土空间功能分区方案为基础来协调基层各空间规划的规划布局，可以看作是空间规划“多规合一”的一种实现形式。这种模式下，对于分区方案的科学性、可操作性和广泛代表性有着较高的要求。一方面，科学性是功能分区的基础，要遵循区划技术方法，基于分析评价结果来划分各类功能区；另一方面，要充分吸纳各部门的意见，保持一定的规划弹性，为基层空间规划预留接口，使分区方案能够成为基层空间规划的“最大公约数”。

(3)“多规合一”没有固定的模式，任何一种规划手段的应用都要因地制宜，国土空间功能分区也不例外。不同地区因自然本底条件、国土空间现状格局、经济发展阶段、县域功能定位等方面的差异，“多规合一”所面临的具体困难和问题也会有所不同，因此功能空间分区工作就需要有不同的侧重点。具体的应用实践中，可以在功能区类型、指标体系、指标项评价方法、综合集成和分区方法等方面根据当地情况进行适当的调整。

(4) 有效的体制机制保障是实现空间规划“多规合一”的关键，空间功能分区方案能在多大程度上发挥作用也取决于此。郎溪县采取了“一规统多规”的模式，即利用城乡一体化规划来指导县域内的其他空间规划，并在该规划编制过程中建立起多部门参与协商的机制，客观上保障了空间功能分区在“多规合一”过程中的关键性作用。为此，各地区都应在规划组织上积极探索，破除“多规合一”的体制机制障碍，这样才有可能真正实现“一张蓝图管到底”。

参考文献

[1] 包晓雯,曾刚,2008.我国主体功能区规划若干问题之管见[J].改革与战略,24(11):47-50.

[2] 曹有挥,陈雯,吴威,等,2007.安徽沿江主体功能区的划分研究[J].安徽师范大学学报(自然科学版),30(3):383-389.

[3] 陈传康,1993.近40年来自然地理学在我国的发展[J].地理学与国土研究,9(3):48-53.

[4] 陈述彭,1990.地学的探索(第一卷:地理学)[M].北京:科学出版社.

[5] 陈雯,段学军,陈江龙,等,2004.空间开发功能区划的方法[J].地理学报,59(suppl.):53-58.

[6] 陈雯,孙伟,段学军,等,2006.苏州地域开发适宜性分区[J].地理学报,89(68):839-841.

[7] 戴尔阜,2008.自然灾害危险性评价[A]//全国主体功能区划方案及遥感地理信息支撑系统课题组编."全国主体功能区划"研究技术报告——国土空间评价与主体功能区划分[R].北京.

[8] 党安荣,阎守邕,吴宏岐,等,2000.基于GIS的中国土地生产潜力研究[J].生态学报,20(6):910-915.

[9] 邓静中,1982.全国综合农业区划的若干问题[J].地理研究,1(1):9-18.

[10] 段学军,陈雯,朱红云,等,2006.长江岸线资源利用功能区划方法研究——

以南通市域长江岸线为例[J]. 长江流域资源与环境,15(5):621-626.
[11] 樊江文,陈立波,2002. 草地生态系统及其管理[M]. 北京:中国农业科学技术出版社.
[12] 樊杰,2007. 我国主体功能区划的科学基础[J]. 地理学报,62(4):339-350.
[13] 樊杰,2007. 解析我国区域协调发展的制约因素探究全国主体功能区规划的重要作用[J]. 中国科学院院刊,22(3):194-201.
[14] 樊杰,2009. 国家汶川地震灾后重建规划:资源环境承载能力评价[M]. 北京:科学出版社.
[15] 樊杰,蒋子龙,陈东,2014. 空间布局协同规划的科学基础与实践策略[J]. 城市规划,38(1):16-25,40.
[16] 傅伯杰,刘国华,陈利顶,等,2001a. 中国生态区划方案[J]. 生态学报,21(1):1-6.
[17] 傅伯杰,刘世梁,马克明,2001b. 生态系统综合评价的内容与方法[J]. 生态学报,21(11):1885-1892.
[18] 顾朝林,张晓明,刘晋媛,等,2007. 盐城开发空间区划及其思考[J]. 地理学报,62(8):787-798.
[19] 顾朝林,彭翀,2015. 基于多规融合的区域发展总体规划框架构建[J]. 城市规划,39(2):16-22.
[20] 国家环保总局,2002. 生态功能区划技术暂行规程[R]. 北京.
[21] 韩增林,2011. 当前背景下的省域主体功能区划分区体系与一般思路[J]. 辽宁师范大学学报(自然科学版),34(3):365-371.
[22] 黄秉维,1959. 中国综合自然区划草案[J]. 科学通报,(18):594-602.
[23] 黄秉维,1962. 关于综合自然区划的若干问题[A]. 见:全国地理学术会议论文选集编委会. 1960 年全国地理学术会议论文选集(自然区划)[C]. 北京:科学出版社.
[24] 黄秉维,1965a. 论中国综合自然区划[J]. 新建设,(3):65-74.
[25] 黄秉维,1965b. 中国综合自然区划图[A]//国家地图集编纂委员会. 中华人民共和国自然地图集[M]. 北京:地图出版社.
[26] 黄秉维,1985. 中国农业生产潜力——光合潜力[A]//地理集刊(第 17 号)[C]. 北京:科学出版社,15-22.
[27] 黄秉维,2003. 新时期区划工作应当注意的几个问题[A]//《黄秉维文集》编辑组. 地理学综合研究——黄秉维文集[C]. 北京:商务印书馆.
[28] 金凤君,王成金,李秀伟,2008. 中国区域交通优势的甄别方法及应用分析[J]. 地理学报,63(8):787-798.

[29] 冷疏影,1992. 地理信息系统支持下的中国农业生产潜力研究[J]. 自然资源学报,7(1):71-79.

[30] 李传武,曹有挥,吴威,等,2009. 中部地区长江沿岸县域开发的功能分区——以安徽和县为例[J]. 经济地理,29(6):900-906.

[31] 李旭旦,1991. 中国地理区域之划分[A]//吴明华. 李旭旦地理文选[C]. 杭州:浙江教育出版社.

[32] 联邦建筑与空间规划局,2007. 德国空间秩序(规划)报告 2005(全国主体功能区划研究项目组译)[R]. 北京.

[33] 刘燕华,郑度,葛全胜,等,2005. 关于开展中国综合区划研究若干问题的认识[J]. 地理研究,24(3):321-329.

[34] 陆玉麒,林康,张莉,2007. 市域空间发展类型区划分的方法探讨——以江苏省仪征市为例[J]. 地理学报,62(4):351-363.

[35] 曲晓晨,孟庆香,2008. 许昌市土地利用功能分区研究[J]. 中国土地科学,22(11):51-55.

[36] 全国土壤普查办公室,1992. 中国土壤普查技术[M]. 北京:农业出版社.

[37] 全国主体功能区划研究项目组,2007. 法国国土整治规划及其启示[R]. 北京.

[38] 全国主体功能区划研究项目组,2007. 欧盟跨区域空间规划研究项目[R]. 北京.

[39] 全国主体功能区划研究项目组,2007c. 欧洲区域划分(NUTS)[R]. 北京.

[40] 全国主体功能区划研究项目组,2009. 全国主体功能区规划研究技术报告——国土空间评价与主体功能区划分[R]. 北京.

[41] 全国主体功能区划研究项目组,2009. 省级主体功能区域划分技术规程[R]. 北京.

[42] 任美锷,包浩生,1992. 中国自然区域及开发整治[M]. 北京:科学出版社.

[43] 任美锷,杨纫章,1961. 中国自然区划问题[J]. 地理学报,27(1):66-74.

[44] 王传胜,赵海英,孙贵艳,等,2010. 主体功能优化开发县域的功能区划探索:以浙江省上虞市为例[J]. 地理研究,29(3):481-490.

[45] 王宏广,1993. 中国粮食问题、潜力、道路、效益[M]. 北京:农业出版社.

[46] 王利,张卓,王丹,等,2010. 辽宁省主体功能区划分方法研究[J]. 地域研究与开发,29(6):8-11,44.

[47] 王潜,韩永信,2007. 县域国土主体功能区划分及生态控制[J]. 环境保护,(1A):50-52.

[48] 王万忠,焦菊英,1996. 中国的土壤侵蚀因子定量评价研究[J]. 水土保持

通报,16(5):1-20.

[49] 王懿贤,赵名茶,1981.中国旬总辐射的空间分布特征与光合潜力[J].自然资源,(3):32-41.

[50] 吴传钧,1981.地理学的特殊研究领域和今后任务[J].经济地理,1(1):5-21.

[51] 吴传钧,1984.国土开发整治区划和生产布局[J].经济地理,(4):243-246.

[52] 吴传钧,1991.论地理学研究的核心——人地关系地域系统[J].经济地理,11(3):1-6.

[53] 谢高地,鲁春霞,甄霖,等,2009.区域空间功能分区的目标、进展与方法[J].地理研究,28(3):561-570.

[54] 熊毅,李庆逵,1987.中国土壤[M].北京:科学出版社.

[55] 徐勇,汤青,樊杰,等,2010.主体功能区划可利用土地资源指标项及其算法[J].地理研究,29(7):1223-1232.

[56] 郑度,杨勤业,等,1997.自然地域系统研究[M].北京:中国环境科学出版社.

[57] 郑度,1998.关于地理学的区域性和地域分异研究[J].地理研究,17(1):4-9.

[58] 郑度,陈述彭,2001.地理学研究进展与前沿领域[J].地球科学进展,16(5):599-606.

[59] 郑度,葛全胜,张雪芹,等,2005.中国区划工作的回顾与展望[J].地理研究,24(3):330-344.

[60] 郑度,欧阳,周成虎,2008.对自然地理区划方法的认识与思考[J].地理学报,63(6):563-573.

[61] 周立三,1964.试论农业区域的形成演变、内部结构及其区划体系[J].地理学报,30(1):14-24.

[62] 周立三,1981a.农业区划问题的探讨[J].地理科学,1(1):11-21.

[63] 周立三,1981b.中国综合农业区划[M].北京:农业出版社.

[64] 朱诚,谢志仁,申洪源,等,2003.全球变化科学导论[M].南京:南京大学出版社.

[65] Boserup E, 1965. *The Conditions of Agricultural Growth: The Economics of Agrarian Change under Population Pressure* [M]. Chicago: Aldine.

[66] Brunhes J, 1920. *Human Geography: an attempt at a positive classification—principles and examples* [M]. London: George G. Harrap. (Chinese edition, Nanjing: Chungshan, 1935)

[67] Costanza R, D'Arge R, Groot R de, et al, 1997. The value of the world's ecosystem services and natural capital [J]. *Nature*, 387: 253-260.

[68] Dickinson R, 1969. *The makers of modern geography* [M]. London: Routledge and Kegan Paul. (Chinese edition, Beijing: Commercial Press, 1980)

[69] Fan Jie, Li Pingxing, 2009. The scientific foundation of Major Function Oriented Zoning in China [J]. *Journal of Geographical Sciences*, 19: 515-531.

[70] Fan Jie, Tao Anjun, Ren Qing, 2010. On the time background, scientific intensions, goal orientation, and policy framework of Major Function Oriented Planning in China [J]. *Journal of Resources and Ecology*, 1(4): 1-11.

[71] Fenneman N M, 1916. Physiographic subdivision of the United States [J]. *Annals of the Association of American Geographers*, VI: 17-22.

[72] Fleure H J, 1917. Régions humaines [J]. *Annales de Géographie*, 26: 161-174.

[73] Hartshorne R, 1959. *Perspective on the Nature of Geography* [M]. Chicago: Rand McNally & Co. (Chinese edition, Beijing: Commercial Press, 1981)

[74] Hayden B, 1992. Models of domestication [A]//Gebauer A. B. et al. (eds.), *Transition to Agriculture* [C]. Madison: Prehistory Press, 11-19.

[75] Herbertson A J, 1905. The major natural regions: an essay in systematic geography [J]. *Geography Journal*, 25: 300-312.

[76] James P E, 1972. *All Possible Worlds: A History of Geographical Ideas* [M]. Indianapolis: Bobbs-Merrill. (Chinese edition, Beijing: Commercial Press, 1982)

[77] Norman L, Ann M B, James H B, et al, 1996. The report of the ecological society of American committee on the scientific basis for ecosystem management [J]. *Ecol. Application*, 6(3): 665-691.

[78] Unstead J F, 1916. A synthetic method of determining geographical regions [J]. *Geographical Journal*, 48(3): 230-249.